Direzione della collana per la lingua italiana: Sabina MAGGI
Traduzione e adattamento: Colomba SCOTTI

Via Zanica, 58 - 24126 Bergamo - Tel. 035.313.128 - Fax. 035.314.315
www.edizioniLarus.com
Stampato nello stabilimento litografico Larus - Print in Bergamo

LARUS

ALLA SCOPERTA DEL MONDO

L'UNIVERSO

Testo
P. Bon

Illustrazioni
P. Bon

Rilettura scientifica
N. Bucsek

Ideazione
E. Beaumont

LARUS

La nascita

Orientato verso il sole che sorge, il famoso sito di Stonehenge, in Inghilterra, è forse servito come osservatorio astronomico.

Che ora è? Che giorno è? Quanti anni hai? Dov'è il Nord?
Proprio per rispondere a queste domande, molto semplici in apparenza, i primi uomini hanno alzato lo sguardo verso il cielo. Così è nata l'astronomia.

Il Sole

Tutto incominciò con il Sole.

Il primo orologio fu un semplice bastone conficcato nel suolo. La direzione della sua ombra permetteva di determinare l'ora durante il giorno. Inoltre, misurando accuratamente la lunghezza di tale ombra a mezzogiorno, si poteva stimare ogni giorno l'altezza del Sole. Fu così possibile definire le stagioni e la durata dell'anno solare.

Anche le civiltà più antiche avevano osservato che, ogni giorno, il Sole sorge a est, sale nel cielo fino a raggiungere una certa altezza, prima di ridiscendere per tramontare a ovest. Bastava quindi piantare un semplice bastone nel terreno e determinare la direzione della sua ombra per conoscere l'ora durante la giornata. Ma il Sole non permetteva solo di contare le ore!
Infatti, a una attenta osservazione, l'altezza che esso raggiungeva a mezzogiorno variava di giorno in giorno: era nel punto più alto del cielo il primo giorno d'estate, e nel punto più basso il primo giorno d'inverno. In poche parole, il Sole ritmava anche le stagioni.

Le fasi della Luna

Luna nuova, primo quarto,

dell'astronomia

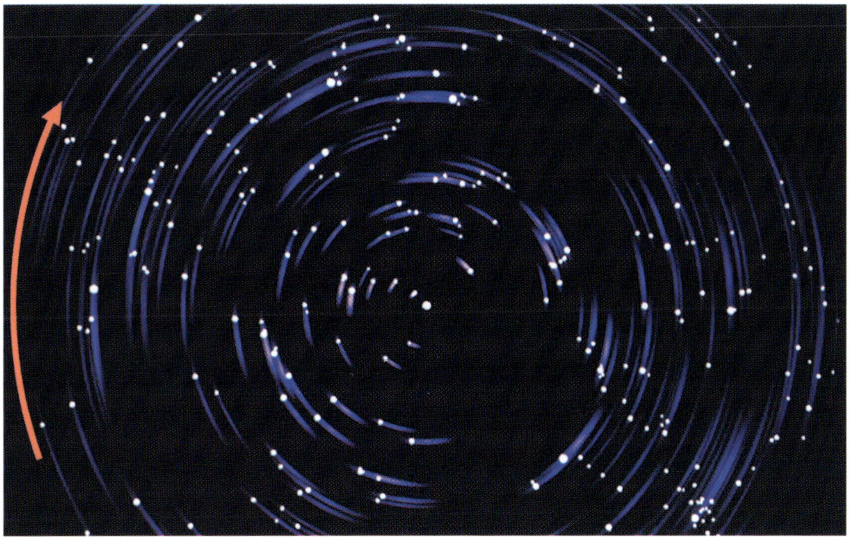

Se le osservassimo abbastanza a lungo ogni notte, tutte le stelle sembrerebbero ruotare intorno alla Stella Polare.

Luna piena: anche l'aspetto mutevole della Luna con il passare delle notti incuriosì molto presto gli uomini. Con grande regolarità, la Luna ritrova lo stesso aspetto nel giro di ventinove giorni e mezzo, e questo mese lunare servì come unità di tempo per molti calendari, tra cui quello usato ancora oggi dai musulmani. Ma ben presto sorse un piccolo problema: l'anno di dodici mesi lunari ha dodici giorni meno dell'anno solare definito dalle stagioni. Farli coincidere tutti e due per evitare che si sfasassero troppo l'uno rispetto all'altro fu per molto tempo un rompicapo per gli astronomi.

E le stelle

La Luna era certamente la regina della notte, ma le stelle non furono dimenticate. Ben presto ci si accorse che tutte le stelle sembravano ruotare intorno a un punto fisso che indicava il Nord. Una stella brillava vicinissima a quel punto fisso: era la sola che sembrava immobile.
Fu chiamata Stella Polare. Seguendo la loro immaginazione, gli uomini collegarono le stelle fra loro per formare figure familiari: le costellazioni. Ogni civiltà popolò il cielo con i propri eroi leggendari e con animali mitici. Tuttavia quasi tutti i popoli riconobbero lo stesso disegno di un orso nelle due costellazioni che noi chiamiamo Orsa Minore e Orsa Maggiore.

Nell'Età

Le prime grandi civiltà videro la luce in Mesopotamia e in Egitto dove, più di cinquemila anni fa, i loro astronomi e astrologi ci hanno lasciato testimonianze del loro sapere.

Una casta di astrologi

La Mesopotamia fu una delle culle dell'astronomia. A quell'epoca le corti reali mantenevano una casta di astrologi, potenti dignitari religiosi che avevano l'incarico di osservare il cielo e di prevedere gli eventi futuri. I capi degli eserciti partivano per le campagne militari solo se i presagi erano favorevoli.

Sulle rive dell'Eufrate

Soprattutto a Babilonia, una città fondata cinquemila anni fa sulle rive dell'Eufrate, l'astronomia mesopotamica avrebbe conosciuto i suoi momenti più gloriosi.
I Babilonesi già sapevano prevedere i movimenti del Sole, della Luna e dei pianeti che conoscevano a quel tempo. Usavano un calendario lunare a cui aggiungevano un certo numero di giorni per farlo coincidere con l'anno solare.

Per i Babilonesi, l'Universo era un'isola galleggiante su un oceano. Le stelle, così come il Sole e i pianeti, erano appese a una grande sfera che girava intorno alla Terra. I Babilonesi avevano già notato che il Sole e i pianeti, che passavano davanti alle stelle, si spostavano sempre nella stessa fascia di cielo. Tale fascia, che già era stata suddivisa da loro in dodici costellazioni, è lo zodiaco.

Antica

Sulle rive del Nilo

Ma furono gli Egiziani i primi ad adottare un calendario di 365 giorni. Ogni anno, nello stesso periodo, il Nilo, che scandiva la vita di quel popolo di contadini, straripava e inondava le terre rendendole fertili. Ora, si dà il caso che Sirio, la stella più lucente del cielo, apparisse sempre poco prima del sorgere del sole nei periodi di piena del fiume. Proprio spiando il suo ritorno, una piena dopo l'altra, gli Egiziani giunsero a concludere che l'anno durava 365 giorni.

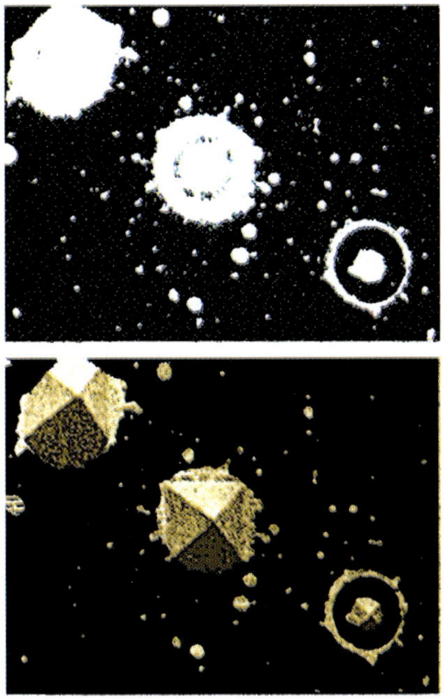

Alcuni scienziati pensano che la disposizione delle piramidi di Gizah sia stata calcolata in funzione della posizione della stella Sirio e di quelle ad essa più vicine.

L'astronomia

Per i Greci, popolo di marinai e di grandi viaggiatori, non era strano pensare che la Terra fosse rotonda. Ciò poteva spiegare perché, quando una nave si allontanava all'orizzonte, il suo albero era ancora visibile mentre lo scafo era già scomparso.

Per gli antichi Greci, descrivere l'Universo e tutto ciò che esso contiene si poteva fare solo con l'aiuto della geometria. Era per loro naturale immaginare che tutti i corpi celesti fossero sferici, poiché la sfera, figura perfetta, era il miglior riflesso possibile della perfezione divina.

Sfere e sfere

Nel V secolo a. C., Parmenide fu il primo ad affermare che il cosmo doveva essere sferico.

Ma, che ne era della Terra? Per la maggior parte dei Greci era naturale pensare che anche la Terra fosse rotonda. Per convincersene bastava guardare una nave che si allontanava all'orizzonte e osservare che il suo scafo scompariva prima delle vele. Ma fu senza dubbio Aristotele, nel IV secolo a. C., che portò la prima vera prova. Osservando le eclissi di Luna, constatò che l'ombra proiettata in quelle occasioni dalla Terra sulla Luna era sempre rotonda. Nello stesso periodo Eudoxo, un allievo di Platone, immaginò di spiegare il movimento del Sole e dei pianeti grazie a un sistema di sfere incastrate le une nelle altre.

Gli astronomi greci compresero che le eclissi, che terrorizzavano gli altri popoli, erano semplici fenomeni di "occultamento". Percorrendo la loro orbita, la Terra e la Luna "occultano", cioè nascondono, a turno il Sole. (Il Sole è a destra, all'esterno della figura).

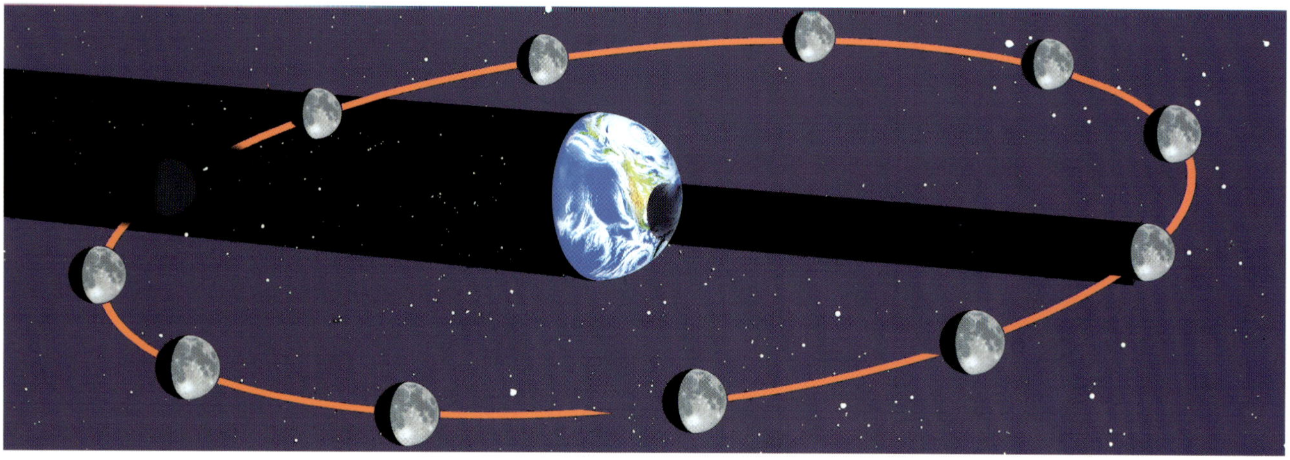

greca

I Greci, ad eccezione di Aristarco, non pensavano che la Terra girasse intorno al Sole. Ma sapevano che le stagioni sono dovute all'inclinazione della Terra rispetto alla luce solare.

Una intuizione geniale

Per i Greci, il Sole e i pianeti conosciuti (Mercurio, Venere, Marte, Giove e Saturno) ruotavano intorno alla Terra. Tuttavia, nel III secolo a. C., Aristarco affermò invece che era la Terra che ruotava intorno al Sole. Ma la sua geniale intuizione non fu capita.

Un mondo di geometri

Aristarco divenne famoso anche per aver calcolato, fra altre cose, le dimensioni della Luna. Affermò che durante un'eclisse di Luna si nota che tre lune possono essere contenute nell'ombra della Terra. Perciò la Luna è tre volte più piccola della Terra! E in realtà non era molto lontano dal calcolo esatto. Il suo contemporaneo Eratostene riuscì, invece, a calcolare la circonferenza della Terra misurando la lunghezza dell'ombra di un bastone conficcato nel suolo in due punti di latitudine diversa.

Un modello tenace

Nel II secolo dopo Cristo, l'astronomo Tolomeo, un greco di Alessandria, immaginò un sistema del mondo in cui i pianeti descrivevano piccoli cerchi, chiamati epicicli, mentre si spostavano ruotando su cerchi molto grandi al cui centro si trovava la Terra.
Questo sistema corrispondeva abbastanza bene alle osservazioni (permetteva in particolare di spiegare l'irregolarità dei movimenti dei pianeti) e si sarebbe imposto fino al Rinascimento, il che significa per quattordici secoli!

La decadenza della scienza

I Romani si preoccuparono soprattutto di riformare il calendario. Introdotto sotto Giulio Cesare, il calendario giuliano, con i suoi 365 giorni e un quarto e i suoi anni bisestili, non è molto diverso da quello in uso ai nostri giorni. Dopo la caduta dell'Impero romano, l'Occidente conobbe un lungo periodo di decadenza scientifica.

Misurando la differenza di lunghezza tra le ombre di due bastoni conficcati nel terreno ad Assuan e ad Alessandria, Eratostene riuscì a valutare la circonferenza della Terra.

L'astronomia

Per Tolomeo, la Terra è al centro del mondo e i pianeti ruotano intorno ad essa su grandi orbite mentre compiono piccoli giri (gli epicicli, in azzurro) su se stessi.

L'astronomia, come la scienza in generale, decade in Occidente. Ma rifiorirà in Medio Oriente a Bagdad, a Damasco e a Isfahan, grazie agli astronomi arabi.

Una deviazione attraverso l'India

Durante tutto il Medioevo, gli Arabi conquistano un vasto territorio. A est, giungono fino in India, dove conosceranno le cifre che noi oggi chiamiamo arabiche. Queste cifre faciliteranno moltissimo i calcoli e permetteranno lo sviluppo dell'algebra. Ma, grazie agli Indiani, gli Arabi scopriranno anche l'astronomia greca e soprattutto l'opera del grande Tolomeo.

L'ora della preghiera

Gli astronomi arabi hanno una ragione precisa per osservare il cielo. Secondo la religione musulmana, bisogna essere in grado, qualunque sia il luogo in cui ci si trova, di determinare con precisione le ore della preghiera e la posizione della città santa: la Mecca. E, a tale scopo, bisogna rivolgere la propria attenzione sia al Sole, sia alla Luna, sia alle stelle.

Gli Arabi perfezioneranno l'astrolabio, uno strumento di origine greca, che permette in particolare, puntando certe stelle durante la notte, di determinare l'ora e la posizione.

nel Medioevo

Dall'Antichità fino all'inizio del XVII secolo, tutte le osservazioni sono state fatte ad occhio nudo o quasi. Gli strumenti esistenti servono soltanto per puntare gli astri, ma non per ingrandirli. Nel Rinascimento, Tycho Brahe, sarà l'ultimo astronomo che farà osservazioni di questo tipo, con strumenti giganteschi costruiti da lui stesso.

Miglioramenti in vista

Tolomeo ha lavorato molto sui movimenti del Sole e della Luna. Dopo aver tradotto la sua opera, gli astronomi arabi la migliorano per fare coincidere il loro calendario lunare con il cammino del Sole. Perfezionano anche l'astrolabio, uno strumento ingegnoso ereditato dai Greci, che serve sia per leggere l'ora che per orientarsi in qualunque punto della Terra.

I nomi!

Il cielo stesso conserva le tracce di quel periodo di intensa attività. Molte stelle hanno nomi arabi, come Betelgeuse, "la spalla del gigante", che brilla nella costellazione di Orione.
Allo stesso modo, numerosi termini astronomici, come zenit (il punto del cielo situato sulla verticale dell'osservatore) o nadir (il punto opposto allo zenit), sono di origine araba.

In cammino verso il Rinascimento

L'avanzata degli Arabi fino in Spagna, dove fioriscono brillanti università, favorirà la diffusione del loro sapere in tutta l'Europa. L'opera di Tolomeo ritornerà così in quell'Occidente che l'aveva dimenticata.
Pressappoco nella stessa epoca, incominciano a diffondersi voci che parlano di terre sconosciute verso ovest. Si racconta anche di incredibili tesori – sete preziose, spezie, porcellane – che si troverebbero nelle Indie e in Cina.
I sovrani della Spagna e del Portogallo decidono di organizzare delle spedizioni per mare verso ovest e verso sud per tentare di raggiungere quei misteriosi paesi e di portare a casa le loro favolose ricchezze.

Le scoperte del

I cannocchiali con i quali Galileo osservò il cielo gli permisero di scoprire cose incredibili per quel tempo: quattro grandi satelliti intorno a Giove, enormi macchie sulla superficie del Sole, crateri e montagne sulla Luna.

All'inizio del XVI secolo, il giro del mondo di Magellano fornisce la prova incontestabile della sfericità della Terra. Si continua però a pensare che essa si trovi al centro dell'Universo. Ma non per molto tempo: ben presto la Terra diventerà un pianeta come gli altri.

Niccolò Copernico

Quattordici secoli sono passati dal tempo di Tolomeo e nessuno ha ancora osato contestare la sua teoria dell'Universo. Nel 1543, il polacco Nicola Copernico è il primo a contraddire Tolomeo affermando che il Sole deve essere al centro dell'Universo. La sua teoria sarà vivacemente combattuta dalla Chiesa.

Tycho Brahé

Astronomo del re di Danimarca, sarà uno degli ultimi a pensare che la Terra sia al centro dell'Universo. Ma questo straordinario osservatore (che, grazie ai suoi giganteschi strumenti, raggiunge una precisione senza pari) forse non sospetta neppure che, a modo suo, sta per aiutare i sostenitori di Copernico!

Per tracciare un'ellisse pianta due spilli su una tavoletta, poi prendi una cordicella di cui avrai annodato le estremità, e forma un triangolo facendola passare tra i due spilli e la punta della matita. Spostando la matita in modo da tenere tesa la cordicella, otterrai una ellisse nella quale gli spilli occupano i "fuochi".
Allo stesso modo la prima legge di Keplero dice che i pianeti ruotano intorno al Sole descrivendo una ellisse nella quale il Sole occupa uno dei fuochi (nell'altro fuoco non c'è nulla).

Giovanni Keplero

Giovanni Keplero, allievo di Tycho Brahé, si serve infatti delle precisissime osservazioni del maestro per studiare minuziosamente il movimento dei pianeti. E succede ciò che doveva succedere: Keplero giunge alla conclusione che i pianeti, compresa la Terra, ruotano intorno al sole. Stabilisce anche tre leggi che sono valide ancora oggi! La prima di queste leggi dice che i pianeti ruotano intorno al Sole descrivendo non un cerchio, come tutti pensavano fino a quel momento, ma un'ellisse (l'ellisse è in qualche modo un cerchio più o meno allungato).

Galileo

Nella stessa epoca di Keplero, il grande Galileo compie i suoi famosi esperimenti sulla caduta dei corpi. In occasione di uno dei

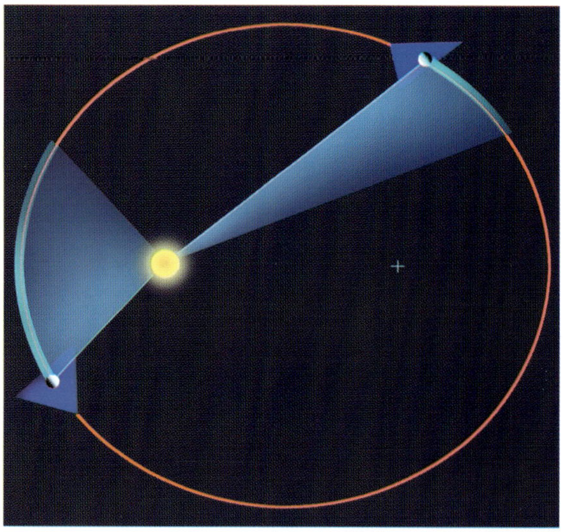

Rinascimento

Usando il cannocchiale, Galileo scopre che Venere non solo ha diverse fasi, come la Luna, ma che è più grande quando si presenta a forma di falce che quando è piena. Ciò sembrava dimostrare che Venere era più vicina al Sole che alla Terra, e dunque che anch'essa ruotava intorno al Sole.

suoi viaggi a Venezia, viene a sapere che alcuni artigiani olandesi hanno costruito uno strumento del tutto nuovo: il cannocchiale. Nel 1609, Galileo è uno dei primi a puntare uno di questi cannocchiali verso il cielo. E ciò che vede è davvero incredibile. Scopre che la Luna possiede montagne e crateri e che il Sole presenta grandi macchie scure. È la prova che questi corpi non sono così perfetti, contrariamente a ciò che si credeva fin dall'Antichità. Scopre anche i quattro più grandi satelliti di Giove e dimostra così che non tutti gli oggetti celesti ruotano intorno alla Terra. Inoltre scopre che Venere, proprio come la Luna, ora ha l'aspetto di una falce, ora è piena. Venere sembra molto più grande quando si presenta a forma di falce che quando è tutta tonda. E ciò prova che questo pianeta è più vicino al Sole che alla Terra.

Il processo

Tutte queste osservazioni convincono Galileo che Copernico aveva ragione. E il nostro grande scienziato è talmente famoso all'epoca che crede di poter annunciare pubblicamente le sue scoperte. Ma, osando affermare che creature divine come il Sole o la Luna non sono perfette e che la Terra non è il centro dell'universo, scatena la collera della Chiesa e del papa, che pure era suo amico.
Nel 1633, nel corso di un memorabile processo, in cui poco mancò che fosse accusato di eresia, Galileo fu costretto a rinnegare le proprie idee. La Chiesa lo riabiliterà solo nel… 1992!

Il processo di Galileo. Per la Chiesa l'uomo era la più perfetta creatura di Dio. Come immaginare allora che la Terra su cui viveva non fosse il centro dell'universo?

Al tempo

Per Newton la Luna dovrebbe spostarsi seguendo una linea retta e quindi allontanarsi da noi. Se ciò non succede, è perché una forza la attira verso la Terra. Questa forza è la gravitazione.

L'Inglese Isaac Newton fu senza dubbio uno dei più grandi geni scientifici di tutti i tempi. Scoprì, tra molte altre cose, che una sola legge, e sempre la stessa, spiega la rotazione dei pianeti intorno al Sole e la caduta dei corpi sulla Terra.

Azione e reazione

Newton scoprì che ad ogni azione corrisponde una reazione uguale ma di senso contrario. È questo il principio che fa funzionare un missile: la forza di espulsione dei suoi gas, diretta all'indietro, crea una forza uguale e contraria che lo spinge in avanti.

Bianca o a colori?

Newton si interessò molto anche alla luce. Verso il 1672, osservò che, facendo passare un raggio di luce attraverso un prisma, esso si scomponeva in un certo numero di colori semplici: quelli dell'arcobaleno.

L'attrazione universale

Secondo la leggenda, Newton passeggiava nel suo orto quando, improvvisamente, una mela cadde da un albero. In quel momento lo scienziato si sarebbe chiesto se la forza che attirava la mela verso il suolo non fosse la stessa forza che tratteneva la Luna intorno alla Terra. La risposta fu sì, e Newton ne avrebbe dedotto una legge valida ancora oggi: la legge della gravitazione universale. Essa afferma che tutti i corpi si attirano fra loro secondo una forza che dipende dalla loro massa, cioè dalla quantità di materia di cui sono formati. Questa forza è la gravitazione (o gravità) e governa tutti i movimenti che avvengono nell'Universo. Fa ruotare la Luna intorno alla Terra e i pianeti intorno al Sole. Ed è sempre questa forza che impedisce alle stelle di sfuggire alle loro galassie.

Halley e la cometa

Nel 1682, nel cielo apparve una cometa. Ispirandosi alla teoria di Newton (infatti anche

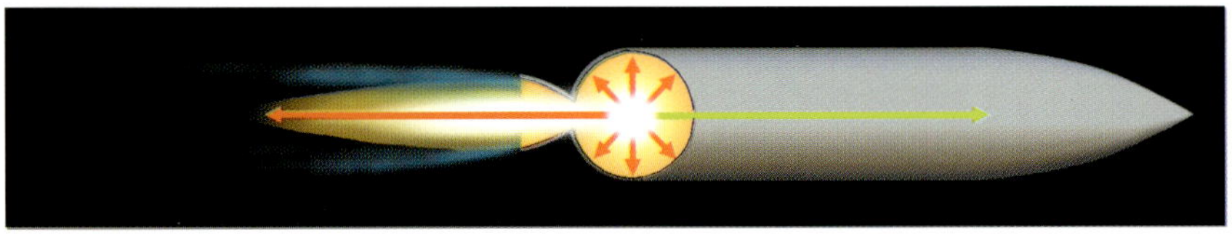

dei lumi

Il telescopio di Newton

le comete ruotano intorno al Sole a causa della gravitazione), Edmond Halley calcolò che quella era la stessa cometa che era già stata osservata nel 1531 e nel 1607. Predisse anche che sarebbe ritornata dopo 75 anni. Né lui né Newton, che morirono prima, poterono assistere a quel ritorno che fu un trionfo per la teoria della gravitazione universale. Questa famosa cometa porta il nome di Halley.

L'invenzione del telescopio

Verso il 1670, Newton mise anche a punto un nuovo strumento di osservazione: il telescopio, che utilizza degli specchi (di metallo lucido all'epoca), mentre il cannocchiale astronomico usa lenti di vetro. Tutti i grandi strumenti attuali sono telescopi.

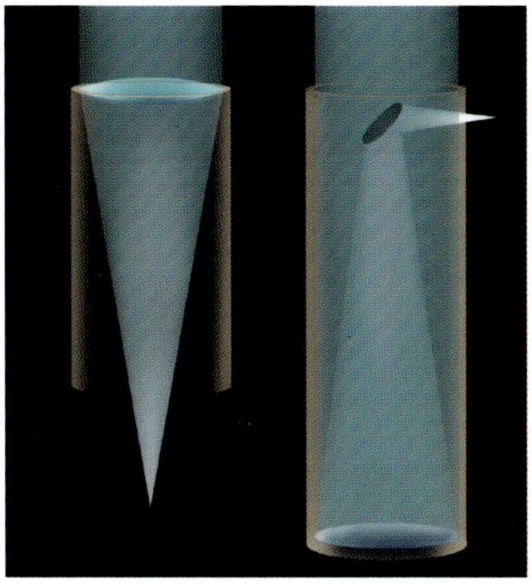

La luce che entra in un telescopio viene riflessa da due specchi, uno grande e uno più piccolo, fino al punto dove si trova l'occhio di chi osserva.

Newton comprese che anche le maree si possono spiegare con la gravitazione e che sono dovute all'attrazione combinata della Luna e del Sole sulla Terra. Quando il Sole e la Luna sono allineati con la Terra (disegno a sinistra), attirano in modo notevole l'acqua degli oceani: in questo caso la marea è forte. Quando invece sono in posizione opposta, (figura a destra), la marea è debole.

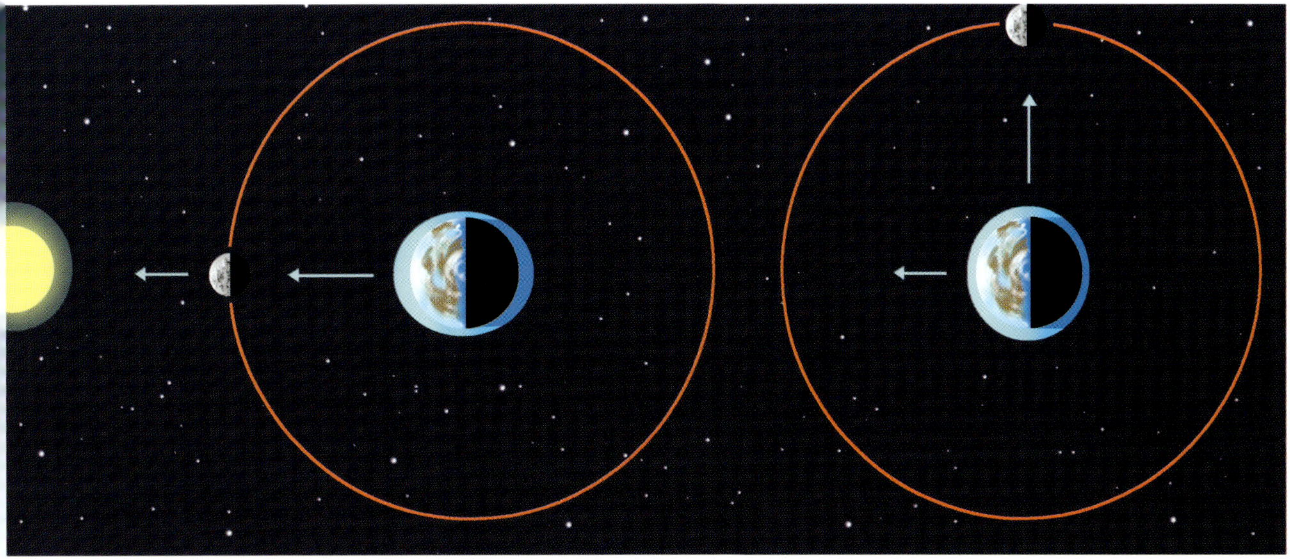

Verso i temp

Nel corso del XVIII e soprattutto del XIX secolo, la scienza continua a progredire. Gli astronomi scoprono due nuovi pianeti che ruotano intorno al Sole. Intanto i chimici incominciano a penetrare misteri della materia.

E sette!

Negli anni 1770, l'inglese William Herschel, professore di musica appassionato di astronomia, incomincia a costruire per suo uso telescopi sempre più potenti. Il suo record? Un telescopio gigantesco di 1,2 m di diametro con il quale, nel marzo 1781, farà una scoperta straordinaria. Mentre fino a quel tempo si credeva che sei pianeti (Mercurio, Venere, la Terra, Marte, Giove e Saturno) ruotassero intorno al Sole, Herschel ne scova un settimo, troppo lontano per essere visto senza strumenti di grande potenza! Questo nuovo pianeta viene battezzato Urano.

Il trionfo del calcolo

La scoperta di Urano entusiasma gli scienziati. Ma ben presto ci si rende conto che il nuovo pianeta non ruota proprio "come dovrebbe" intorno al Sole. Qualcosa disturba la sua traiettoria e questo qualcosa potrebbe essere un altro pianeta! Inizia una gara per vedere chi per primo riuscirà a snidare l'astro invisibile. Mentre alcuni dei suoi colleghi scrutano il cielo con strumenti sempre più grandi, l'astronomo francese Urbain le Verrier sceglie di procedere con i calcoli. Studia di nuovo, con grande pazienza, le perturbazioni del movimento di Urano e, grazie alle equazioni di Newton, cerca di prevedere sulla carta dove dovrebbe trovarsi il nuovo pianeta. Nel settembre 1796, ne indica la probabile posizione a un collega, l'astronomo tedesco Johann Galle, che scopre il pianeta la sera stessa proprio nel punto

Herschel costruì il suo telescopio di 1,2 m di diametro ispirandosi alle tecniche dei carpentieri delle navi.

moderni

H																	He
Li	Be											B	C	N	O	F	Ne
Na	Mg											Al	Si	P	S	Cl	A
K	Ca	Sc	T	V	Cr	Mn	Fe	Co	Ni	Cu	Zn	Ga	Ge	As	Se	Br	Kr
Rb	Sr	Y	Zr	Nb	Mo	Tc	Ru	Rh	Pd	Ag	Cd	In	Sn	Sb	Te	I	Xe
Cs	Ba	La	Ce	Pr	Nd	Pm	Sm	Eu	Gd	Tb	Dy	Ho	Er	Tm	Yb	Lu	
			Hf	Ta	W	Re	Os	Ir	Pt	Au	Hg	Tl	Pb	Bi	Po	At	Rn
Fr	Ra	Ac	Th	Pa	U	Np	Pu	Am	Cm	Bk	Cf	Es					

Elementi, atomi: i chimici di oggi usano sempre la tabella (definita anche "classificazione periodica") degli elementi, compilata dal russo Dimitri Mendeleev nel XIX secolo. Questo scienziato aveva classificato tutti gli elementi chimici conosciuti a quel tempo secondo le loro proprietà ed era anche riuscito a prevedere le proprietà di elementi ancora ignoti. Tali elementi sarebbero stati scoperti gli anni seguenti e avrebbero confermato l'esattezza del suo metodo di classificazione.

indicato! È un trionfo! Per la prima volta i calcoli hanno anticipato l'osservazione.

Quali elementi?

Gli antichi Greci pensavano che tutta la materia che ci circonda fosse composta da quattro elementi semplici: acqua, terra, aria e fuoco. Ma nel XVIII secolo ci si accorge che l'aria non ha nulla di semplice, poiché è essa stessa composta di azoto e di ossigeno. L'azoto e l'ossigeno, invece, sono veri corpi semplici, che vengono chiamati elementi chimici.

Dalla chimica alle stelle

Subito si crea un grande scompiglio nei laboratori: gli scienziati constatano che, quando vengono riscaldati molto, gli elementi chimici (non ci sono soltanto l'azoto e l'ossigeno, possiamo citare anche l'alluminio, il calcio, l'oro, ecc.) emettono una luce caratteristica che permette di identificarli. Osservando la luce delle stelle potremo finalmente sapere quali sono gli elementi chimici che le costituiscono?

La tabella

Negli anni seguenti, gli scienziati scoprono un numero sempre maggiore di elementi chimici. Si accorgono anche che alcuni di essi, pur diversi fra loro, reagiscono allo stesso modo come se appartenessero alla stessa "famiglia".
Nel 1869, il russo Dimitri Mendeleev decide di classificare tutti gli elementi in una tabella secondo le loro proprietà chimiche. E riesce, grazie a ciò, a prevedere l'esistenza di elementi ancora ignoti.

Dal minuscolo

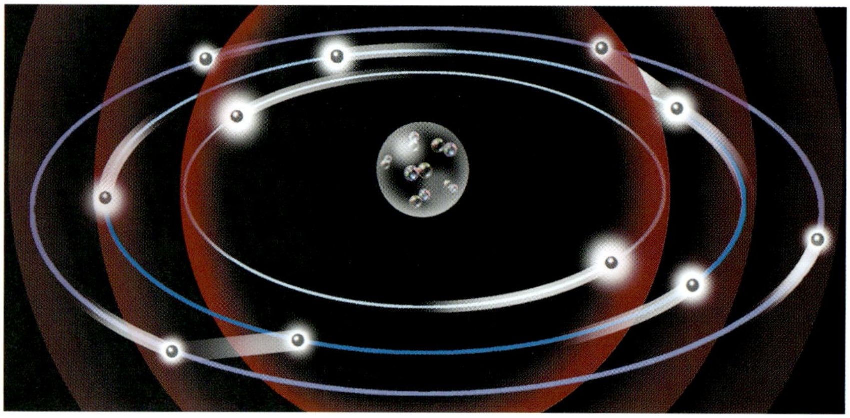

Prima del secolo XX, si pensava che non esistessero particelle più piccole dell'atomo. Ma, in realtà, l'atomo stesso è composto da un nucleo (al centro), intorno al quale ruotano gli elettroni. Il nucleo, a sua volta, è formato da protoni e da neutroni, che sono anch'essi composti da quark. Una vera e propria matrioska!

Di che cosa è fatta, in realtà, la materia? Come funzionano le stelle? Solo nel corso del XX secolo la scienza è stata in grado di rispondere a queste domande.

Al centro della materia

Oggi sappiamo che tutta la materia che ci circonda è costituita da atomi veramente minuscoli (misurano circa un decimilionesimo di millimetro!) che, a loro volta, sono composti da particelle ancora più piccole.
Gli elementi chimici sono corpi "puri", formati cioè da un solo tipo di atomi. Gli atomi più semplici e più leggeri sono quelli dell'idrogeno (simbolo H nella tabella di Mendeleev, pagina precedente) e dell'elio (simbolo He).
Sono anche i più numerosi nel cosmo: da soli costituiscono il 98% degli atomi esistenti!
Gli scienziati hanno scoperto che l'idrogeno e l'elio esistevano fin dalla notte dei tempi, poiché si sono formati al momento della nascita dell'Universo.

Nel cuore delle stelle

Quasi tutti gli altri atomi che esistono nell'Universo si sono formati proprio a partire dall'idrogeno e dall' elio, che si sono fusi tra loro.
Questa fusione può avvenire solo a temperature altissime, e c'è un solo luogo dove si realizza naturalmente: nel cuore (nucleo) delle stelle. È proprio questo fatto che le fa risplendere. Se riflettiamo bene, ciò significa che gli atomi, come il carbonio che costituisce il nostro corpo, sono stati fabbricati un giorno lontano nelle stelle. E noi siamo i figli delle stelle!

La bomba H funziona con lo stesso principio delle stelle: la fusione dell'idrogeno. Una sola di queste esplosioni libera un'energia colossale, capace di devastare intere regioni.

al gigantesco

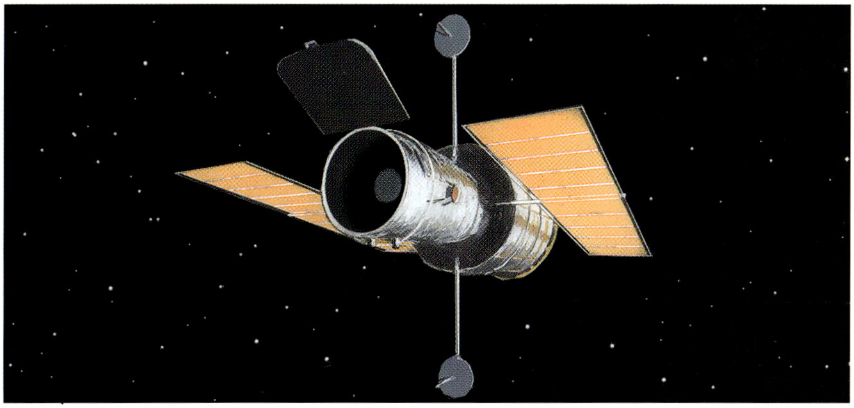

L'immensità cosmica

Per riuscire a capire sempre meglio le stelle, gli astronomi hanno un unico mezzo: osservare la luce che ci giunge da esse. A tale scopo hanno bisogno di telescopi sempre più grandi e potenti, capaci di catturare un debole chiarore anche molto lontano nell'Universo.

Ora, l'Universo è vastissimo! Tanto grande che le nostre abituali unità di misura della distanza, come il metro e il chilometro, servono a ben poco nell'immensità cosmica. Si è così dovuta inventare una nuova unità: l'anno luce.

La luce viaggia nel vuoto del cosmo alla velocità prodigiosa di 300.000 km al secondo.

L'anno luce è la distanza che la luce percorre in un anno. E corrisponde a 10.000 miliardi di km! La stella più vicina alla Terra si trova a una distanza di 4 anni luce.

Per vedere sempre più lontano nell'Universo, gli astronomi hanno bisogno di strumenti potentissimi. Possono installarli sia sulla Terra (v. qui sotto), sia in orbita intorno ad essa, come il telescopio spaziale Hubble (v. sopra), lanciato nel 1990 dalla NASA.

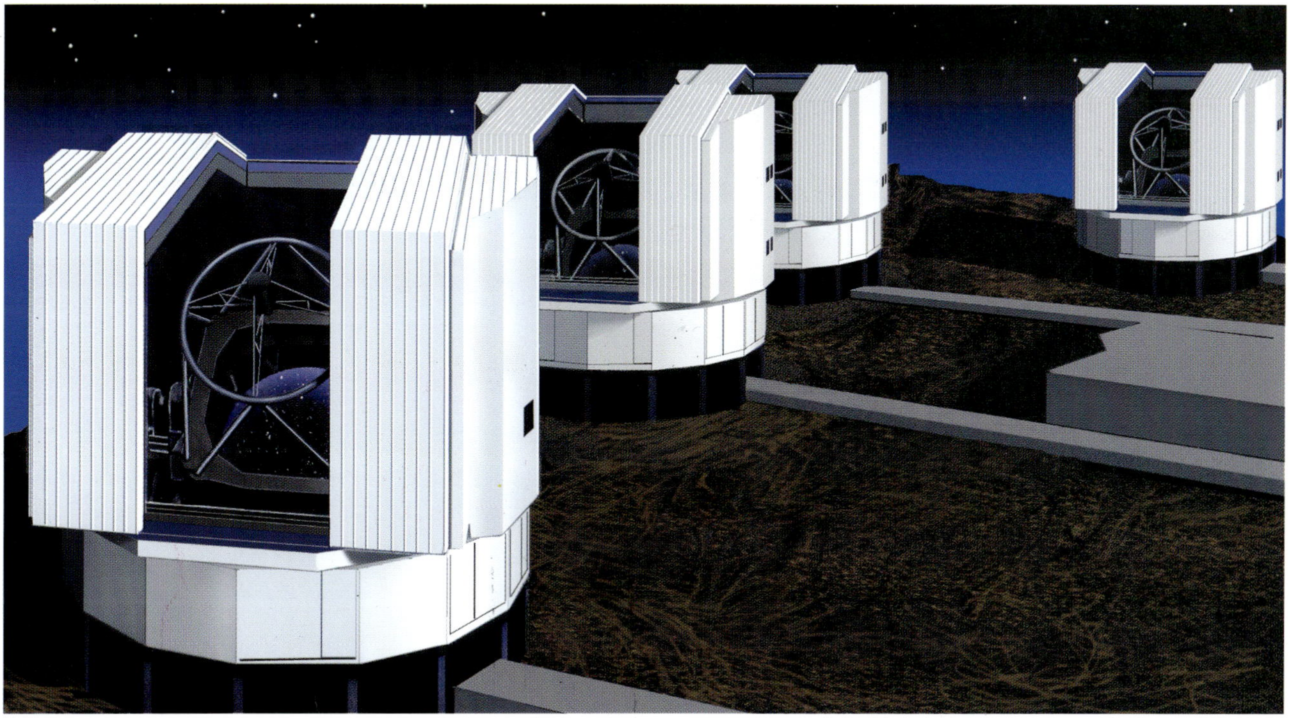

Di che cosa

La luce è preziosa per gli astronomi: è il solo messaggio che ricevono dagli astri. Ma, a pensarci bene, che cos'è in realtà la luce? Una cosa strana dal comportamento talvolta sorprendente.

Onde e particelle

Come descrivere in modo semplice la luce? Possiamo dire che è un'onda e che si propaga come le onde sulla superficie dell'oceano. Si riflette sugli specchi dei telescopi e può persino viaggiare nel vuoto (ciò che non è possibile alle onde sonore).

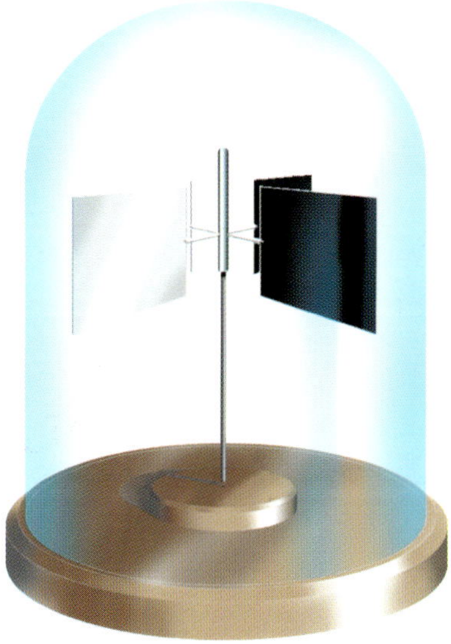

Ma possiamo anche dire che la luce è formata da minuscole particelle chiamate fotoni, che colpiscono la superficie degli oggetti e rimbalzano.
Per esempio, colpendo le ali di questo mulino solare (v. qui accanto), i fotoni lo fanno girare.

I colori dell'arcobaleno

Sappiamo da Newton che la luce bianca è in realtà un miscuglio di luci di diversi colori: rosso, arancione, giallo, verde, azzurro e viola. Tutta questa gamma di colori, o di luci, costituisce ciò che viene chiamato la luce visibile: la sola che l'occhio umano è in grado di vedere. Ma esistono molte altre luci (che chiameremo meglio radiazioni) completamente invisibili ai nostri occhi!

Luce visibile, infrarossi, ultravioletti, ecc.: una grande quantità di radiazioni molto diverse ci giunge dal cosmo. L'atmosfera terrestre ne filtra buona parte.

è fatta la luce?

Anch'esse ci sono inviate dagli astri.

Luci "invisibili"
È il caso dei raggi infrarossi, delle onde radio, dei raggi ultravioletti, dei raggi X e dei raggi gamma. Certo, li chiamiamo comunemente raggi, o onde, ma si tratta comunque di luce. Che cosa li distingue dalla luce visibile? Tutto si riduce praticamente a una questione di "compressione". Per capirlo, aiutati con lo schema che vedi a destra. Come le creste delle onde del mare, anche le creste di queste onde possono essere più o meno vicine (qui abbiamo disegnato tre casi). La distanza che separa due creste si chiama lunghezza d'onda ed è proprio questa lunghezza che fa la differenza. La lunghezza d'onda degli infrarossi e delle onde radio è maggiore di quella della luce visibile, mentre la lunghezza d'onda dei raggi ultravioletti, dei raggi X e gamma è più piccola.

Uno schermo efficace
Molte di queste radiazioni invisibili, in particolare i terribili ultravioletti, sono pericolose per l'uomo. Fortunatamente, quando arrivano dal cosmo vengono bloccate dall'atmosfera.

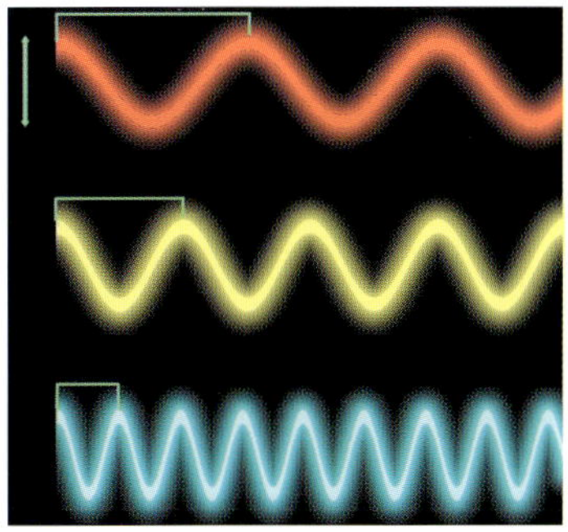

Tutte le onde, compresa la luce, sono caratterizzate dalla lunghezza d'onda, che è la distanza che separa due creste successive. La luce rossa ha una lunghezza d'onda maggiore della luce gialla, e questa ha una lunghezza d'onda maggiore della luce azzurra.

L'espansione

A partire dagli anni 1920, grazie alla messa a punto di telescopi giganteschi, gli astronomi faranno scoperte inimmaginabili solo qualche tempo prima: l'Universo è in movimento e non esiste dall'eternità.

Il grande dibattito

All'inizio degli anni 20, gli astronomi sono ancora divisi: alcuni credono che la nostra galassia, la Via Lattea, sia immensa e che costituisca da sola tutto l'Universo. Altri pensano invece che esista nell'Universo una grande quantità di galassie simili alla nostra. Ma come decidere chi ha ragione?

La scoperta delle galassie

Nel 1924, grazie al nuovo telescopio gigante di Monte Wilson, l'americano Edwin Hubble riesce per la prima volta a osservare alcune stelle in una piccola macchia di luce lontana, una nebulosa, come si dice all'epoca. È la prova che quella "macchia" è in realtà una galassia come la nostra, piena di stelle. Ben presto, Hubble scoprirà molte altre stelle in molte altre galassie: la Via Lattea non è più sola!

La fuga delle galassie

Ma Hubble continua le sue

Il telescopio di Monte Palomar, con il quale Edwin Hubble continuerà a osservare le galassie fino alla fine della sua vita, sarà il più grande del mondo.

Il suono della sirena di un'ambulanza ci sembra più acuto quando si avvicina e più grave quando si allontana. Questo cambiamento di frequenza delle onde sonore, dovuto al movimento dell'oggetto che le emette, si chiama effetto Doppler. Succede lo stesso per la luce. La luce di una galassia che si allontana da noi (a destra) sembra spostarsi verso il colore rosso (in altre parole, verso le grandi lunghezze d'onda, o verso le basse frequenze, che è la stessa cosa). La luce di una galassia che si avvicina a noi (a sinistra) sembra tendere verso l'azzurro (le piccole lunghezze d'onda o le alte frequenze). Infine, la luce di una galassia immobile rispetto a noi (al centro) non subisce cambiamenti di colore.

dell'Universo

ricerche e scopre ben presto che la luce che ci arriva dalla maggior parte delle galassie è molto "più rossa" del previsto, in altre parole che si sposta verso le grandi lunghezze d'onda (v. "La luce", pp. 22 e 23). Ora, gli scienziati conoscono già questo effetto, chiamato effetto Doppler. Se lo si applica all'Universo, significa che le galassie si stanno allontanando da noi. Per meglio dire: più sono lontane e più si allontanano velocemente. È la prova che l'Universo intero si sta gonfiando, si sta dilatando!

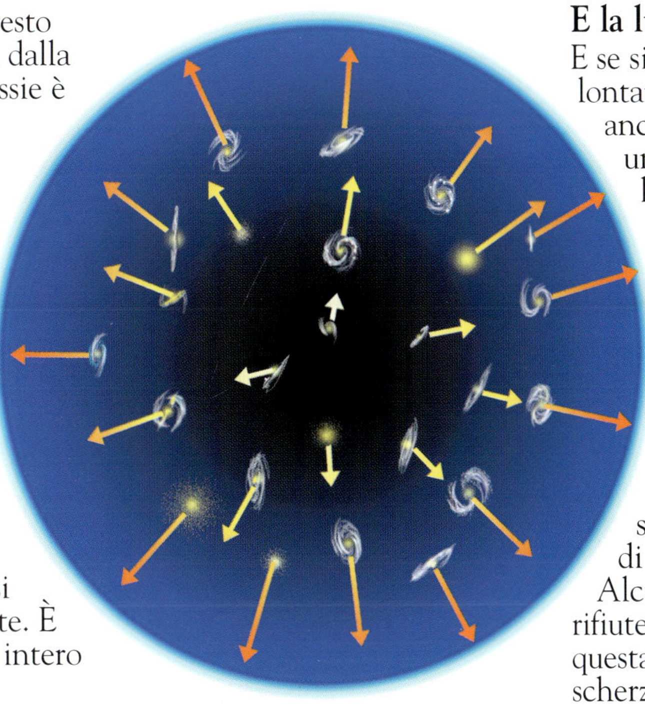

La fuga delle galassie: più sono distanti, più si allontanano velocemente.

L'espansione

Questo movimento di "espansione" convince gli scienziati che lavorano sui diversi modelli di Universo. Infatti anch'essi avevano notato che qualcosa non andava. Avevano calcolato e ricalcolato le loro equazioni, ma ogni volta il risultato era lo stesso: anche se volevano credere che l'Universo era statico, senza movimento, i risultati dei loro calcoli affermavano che ciò non era possibile.

Risalire il tempo

Grazie a Edwin Hubble, che continuerà per tutta la vita a osservare le galassie (con un telescopio ancora più grande: quello di Monte Palomar, in California), si è potuto dimostrare che l'Universo è veramente in continua espansione.
È a questo punto che un astronomo, matematico e sacerdote belga, Georges Lemaître, fa la sua comparsa sulla scena. Anch'egli crede da qualche anno alla teoria dell'espansione e immagina di "risalire il tempo". Se le galassie oggi si allontanano, pensa, significa che in passato erano molto più vicine fra loro.

E la luce fu!

E se si risale sempre più lontano nel passato, pensa ancora Lemaître, si arriva a un momento in cui tutta la materia dell'Universo era concentrata in un volume minuscolo, quasi un punto, molto denso e molto caldo. Ma come è stato possibile che questa materia così concentrata si sia messa in movimento? Ci sarebbe voluta una specie di gigantesca esplosione!
Alcuni astronomi si rifiuteranno di credere a questa idea sbalorditiva. Per scherzo, uno di loro la chiamerà big bang (il grande bum).

La cupola del telescopio di Monte Palomar.

La nascita dell'Universo

Quasi tutti gli astronomi pensano oggi che l'Universo sia veramente nato dal big bang e che in seguito abbia continuato a dilatarsi. Ma nessuno sa ancora di preciso quando è avvenuto questo big bang e di conseguenza quale sia l'età dell'Universo.

Quando?

Tutto l'Universo è stato creato al momento del big bang: la materia, la luce, l'energia. Ma quando è avvenuto ciò? Quanti anni fa?
Gli astronomi esitano ancora: senza dubbio fra 10 e 20 miliardi di anni fa, forse 15... Quindici miliardi di anni (15 000 000 000 di anni!) è davvero molto se pensiamo che il Sole e la Terra hanno circa 5 miliardi di anni e i primi esseri umani hanno meno di 2 milioni di anni. Immaginiamo di riassumere tutta la storia dell'Universo in uno solo dei nostri anni, dal 1° gennaio al 31 dicembre.
Bene, i primi esseri umani sarebbero comparsi solo qualche minuto prima della mezzanotte del... 31 dicembre!

Come un pallone

Se non conosciamo con precisione l'età dell'Universo, ciò dipende da molte cose e, fra le altre, dalla velocità di espansione, che è la velocità con la quale l'Universo si gonfia. Definire questa misura è cosa difficilissima: bisogna determinare con precisione la distanza delle galassie più lontane. Ma come si possono misurare le distanze su un pallone che non smette di gonfiarsi?

E dove?

Viste dalla Terra, le galassie sembrano allontanarsi solo da noi. Ma in realtà esse si allontanano tutte le une dalle altre. E la Terra non è il centro di questo movimento. Del resto, non esiste un centro. Dove è avvenuto il big bang? Dappertutto!

Dalle particelle

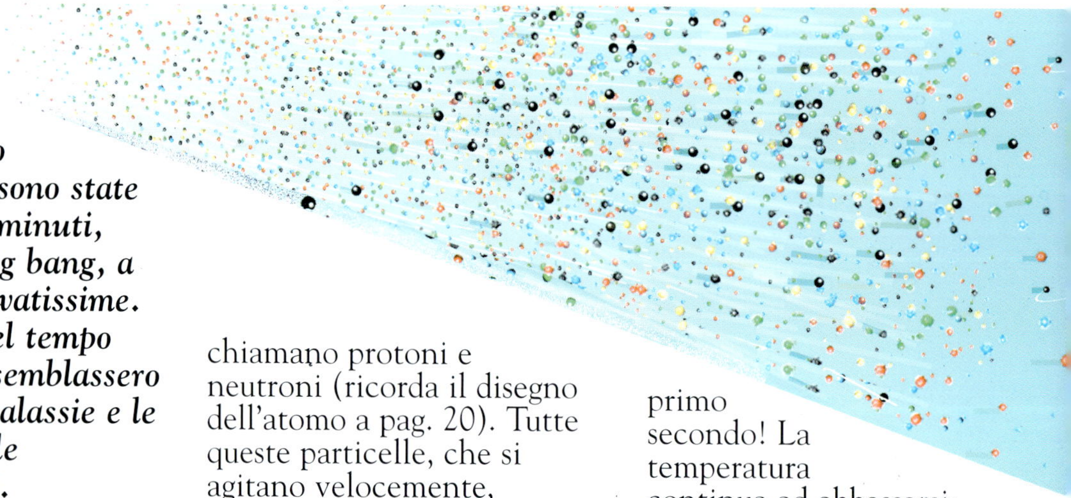

Tutte le particelle che compongono oggi la materia sono state create in pochi minuti, subito dopo il big bang, a temperature elevatissime. Ma è passato del tempo prima che si assemblassero per formare le galassie e le stelle come noi le conosciamo oggi.

Un concentrato di energia

Al momento della nascita, l'Universo non era altro che un concentrato di pura energia, ed era caldissimo, poiché la sua temperatura superava i miliardi di miliardi di miliardi di gradi! Subito ha incominciato a gonfiarsi e, contemporaneamente, a raffreddarsi. L'Universo esiste da meno di un secondo, quando fanno la loro comparsa le prime particelle: i fotoni (le particelle di luce), poi i quark e gli elettroni.

Il primo secondo

Poiché l'Universo continua a dilatarsi e a raffreddarsi, la temperatura è scesa a 1 000 miliardi di gradi (è ancora molto caldo!), ma il primo secondo termina quando i quark si uniscono gli uni agli altri a gruppi di tre, formando così quelli che si chiamano protoni e neutroni (ricorda il disegno dell'atomo a pag. 20). Tutte queste particelle, che si agitano velocemente, continuano a cozzare fra di loro. Un vero brodo!

In tre minuti!

Ci siamo! L'Universo ha appena festeggiato il suo primo secondo! La temperatura continua ad abbassarsi: ora ha raggiunto i 10 miliardi di gradi. I protoni e i neutroni incominciano a unirsi per formare i primi nuclei di atomi. Ma solo i

I quark sono i più piccoli elementi della materia conosciuti oggi. Si uniscono a gruppi di tre sotto la spinta di una forza che, come un elastico, diventa tanto più potente quanto più essi tendono ad allontanarsi. Attualmente, nessuno dei grandi acceleratori di particelle esistenti può produrre l'energia necessaria per dividere un gruppo di quark.

alle stelle

nuclei degli atomi più leggeri: l'idrogeno e l'elio, l'abbiamo visto, e anche il litio e il berillio. Quando tutto è finito, l'Universo ha solo 3 minuti.

I primi atomi

Il più è fatto. Il periodo che segue è molto più calmo... e molto più lungo, visto che durerà 300 000 anni! Per tutto questo tempo, fotoni, elettroni e nuclei di atomi si agitano, ma senza creare nulla di buono. Alla fine, nuclei ed elettroni riescono a unirsi per formare i primi atomi veri e propri (quelli di idrogeno, di elio, di litio e di berillio). L'Universo continua a dilatarsi e a raffreddarsi. Fra poco appariranno le galassie e le stelle.

Un protone (elettricamente positivo) e un neutrone (senza carica elettrica) si uniscono per formare il nucleo dell'atomo più semplice della natura: l'idrogeno. L'atomo di idrogeno è completo quando il protone, grazie alla sua carica positiva, riesce ad attirare a sé un elettrone di carica elettrica negativa. L'elettrone incomincia a girare intorno al nucleo.

Stelle tutt

Gli scienziati credettero per molto tempo che le stelle si trovassero tutte alla stessa distanza dalla Terra, appese alla volta celeste. Alla fine del XVI secolo, l'astronomo italiano Giordano Bruno fu il primo che osò affermare che esse potevano essere dei soli molto lontani. Giudicate empie, le sue idee troppo rivoluzionarie gli costarono la vita.

Oggi, non solo sappiamo che alcune stelle sono vicine e altre molto lontane, ma anche che possono essere molto lucenti o molto discrete, minuscole o gigantesche, e di una moltitudine di colori diversi: ve ne sono di rosse, azzurre, bianche, gialle. Un vero festival!

Dimensioni molto diverse

Il nucleo delle stelle assomiglia a un gigantesco reattore nucleare, dove gli elementi presenti (soprattutto idrogeno) si fondono per produrre luce ed energia. È questo che fa brillare le stelle, che possono però risplendere in modi molto diversi: quelle che si chiamano supergiganti sono almeno 5 000 volte più luminose del Sole; le giganti 100 volte di più; infine le stelle nane brillano come il Sole o anche meno.

Il Sole non è davvero una grande stella. Eccolo rappresentato, minuscolo, accanto ad alcune stelle giganti e supergiganti ben note. La supergigante rossa Betelgeuse, la stella più brillante della costellazione di Orione, è un vero e proprio mostro: è 800 volte più grande del Sole ed è 5 000 volte più luminosa.

Il più delle volte queste differenze di luminosità sono legate alle diverse dimensioni: le supergiganti rosse possono raggiungere un diametro che è 1 000 volte più grande di quello del Sole, mentre le piccolissime nane bianche

diverse

Negli anni 1910 due scienziati ebbero l'idea di classificare le stelle secondo un diagramma che tenesse conto della loro luminosità e della loro temperatura. Ebbero la sorpresa di constatare che il 90 % delle stelle si disponeva su una curva a S. Questa curva corrisponde al periodo più lungo della vita di una stella, quello in cui essa brucia tranquillamente l'idrogeno che contiene. Ma quando l'idrogeno si esaurisce, le cose cambiano: la stella incomincia a gonfiarsi.

sono grandi appena come la Terra.

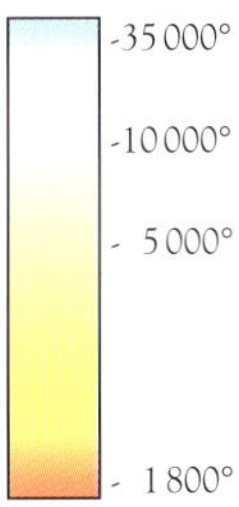

Diversi colori

Le stelle hanno anche colori molto diversi: rosso, azzurro, giallo, bianco. Tutto dipende dalla temperatura della superficie. Le stelle più azzurre hanno la superficie più calda: la temperatura supera 30 000 gradi. Questo valore scende a 6 000 per una stella gialla come il Sole. E a meno di 3 000 gradi per le stelle rosse, le più fredde.

Un po' d'ordine

Negli anni 1910, due astronomi decisero di mettere un po' d'ordine in questa confusione: classificarono le stelle in un diagramma in funzione della temperatura della superficie e della loro luminosità.
Si accorsero allora che le stelle non si disponevano a caso, Le supergiganti costituivano un gruppo, e anche le giganti, così come le piccole nane bianche. Praticamente tutte le altre, fra cui il Sole, si disponevano al centro del diagramma su una lunga curva a forma di S. Gli astronomi capirono che questo diagramma riassumeva la vita delle stelle. Quelle che vivevano tranquillamente delle loro riserve di idrogeno si trovavano sulla curva a S. Tutte quelle che non si trovavano su questa curva stavano esaurendo o avevano già esaurito le riserve di idrogeno. Ora, per una stella, non aver più idrogeno non è certo una bella cosa…

Il Sole fa parte delle stelle nane, ma non è la più piccola delle stelle nane conosciute. Anzi, è un gigante se lo confrontiamo alle nane bianche che sono grandi come un pianeta.

La vita

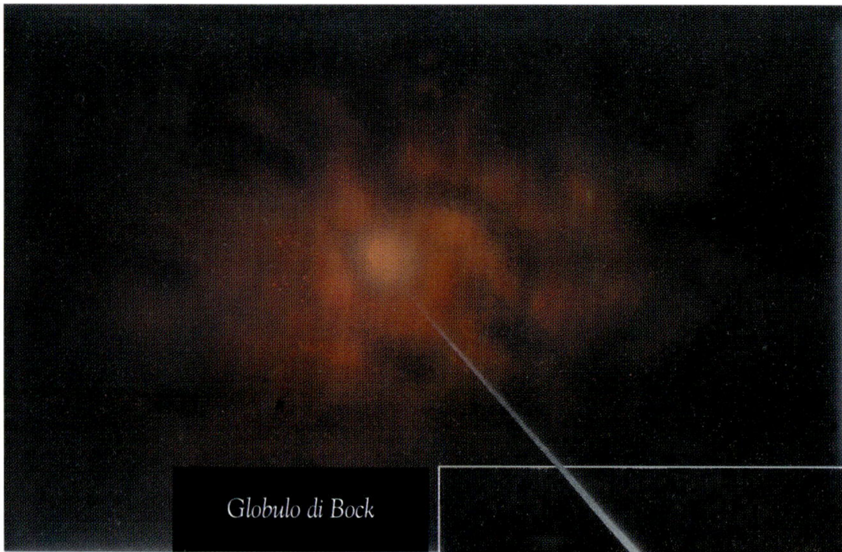

Globulo di Bock

Protostella

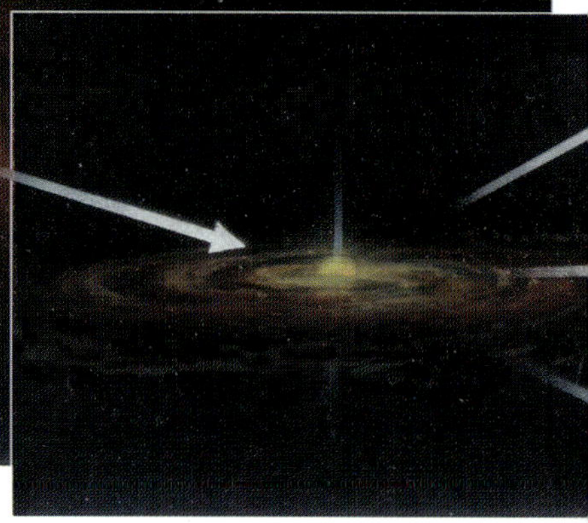

Neanche le stelle sono eterne. Come l'Universo, e come gli uomini, anch'esse hanno una storia. Nascono un giorno, vivono più o meno a lungo, e alla fine muoiono. Ciò, per esempio, accadrà al nostro Sole fra 5 miliardi di anni.

In un bozzolo

La nascita di una stella è ancora un evento molto misterioso. Dobbiamo dire che essa avviene in una specie di bozzolo di gas (ancora idrogeno…) e di polveri molto opaco, tanto opaco che gli astronomi non riescono a vedere ciò che succede al suo interno. Tutto ciò che sanno è che questo bozzolo, questa nube, crolla un bel giorno sotto il proprio peso. Si mette a girare su se stessa, incomincia ad appiattirsi e, a poco a poco, assume la forma di un disco. Il suo centro attira a sé la materia circostante e si ingrandisce e si riscalda sempre più. Ben presto il calore raggiunge una temperatura tale che i nuclei di idrogeno incominciano a fondersi fra loro. Allora il centro si illumina: è nata una stella! Per la maggior parte della sua vita la stella vivrà delle proprie riserve di idrogeno che trasformerà in elio.

Quanto tempo può vivere una stella?

Tutto dipende dalla sua massa, cioè dalla quantità di materia che essa contiene. Le stelle di grande massa bruciano il loro idrogeno – e quindi la loro vita – alle due estremità e vivono alcuni milioni di anni. Le stelle di massa più piccola – molto econome nel consumo dell'idrogeno – vivono molto a lungo, fino a 30 miliardi di anni.

Il Sole, che è una stella di massa media, vivrà 10 miliardi di anni. E poiché ne ha già vissuti cinque, si trova a metà della sua vita.

La fine del Sole

Che cosa accadrà al nostro

di una stella

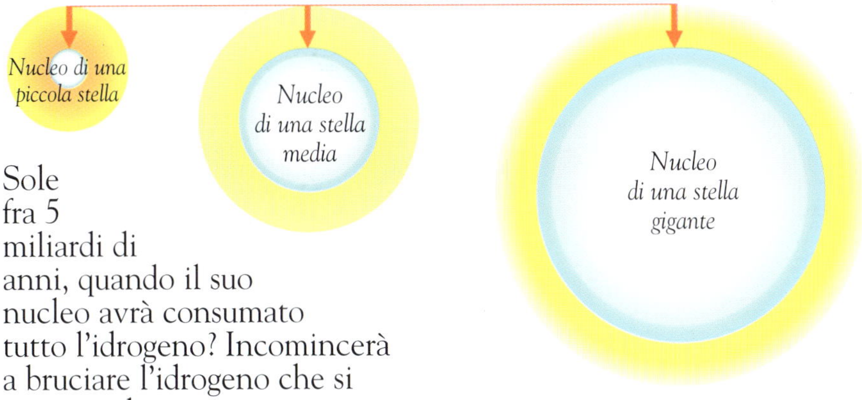

Sole fra 5 miliardi di anni, quando il suo nucleo avrà consumato tutto l'idrogeno? Incomincerà a bruciare l'idrogeno che si trova negli strati meno profondi. In quel momento l'involucro si dilaterà e si raffredderà: il Sole si trasformerà in una gigante rossa. Il suo diametro diventerà 100 volte più grande e il Sole inghiottirà i pianeti Mercurio e Venere. Sulla Terra farà un caldo infernale!
Quando quasi tutto l'idrogeno si sarà trasformato in elio, il Sole brucerà anche l'elio per trasformarlo in nuovi elementi. Ma ciò non farà che ritardare il momento fatidico. Dopo parecchi "singhiozzi", il Sole lancerà il suo involucro nello spazio come si soffia via un cerchio di fumo.
L'involucro formerà intorno al Sole un guscio di gas e di polveri, che si sfilaccerà con il passare del tempo. Quanto al nucleo del Sole, si riscalderà fino a diventare incandescente: diventerà una nana bianca, una stella piccolissima (v. pag. 30-31) molto densa, per cui un cucchiaino da caffè della sua materia peserà parecchie tonnellate! Poi questa nana bianca si spegnerà piano piano.
La fine del Sole può sembrare terribile, ma non è niente se la paragoniamo a ciò che attende le stelle che hanno una massa più grande...

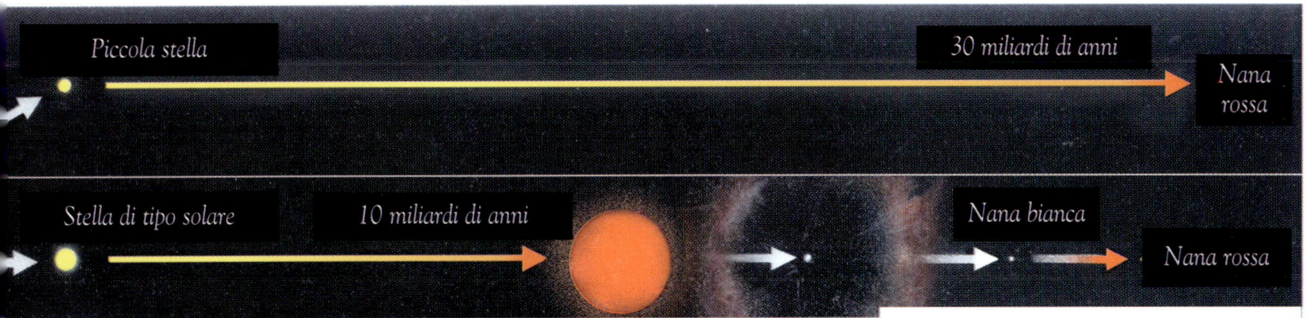

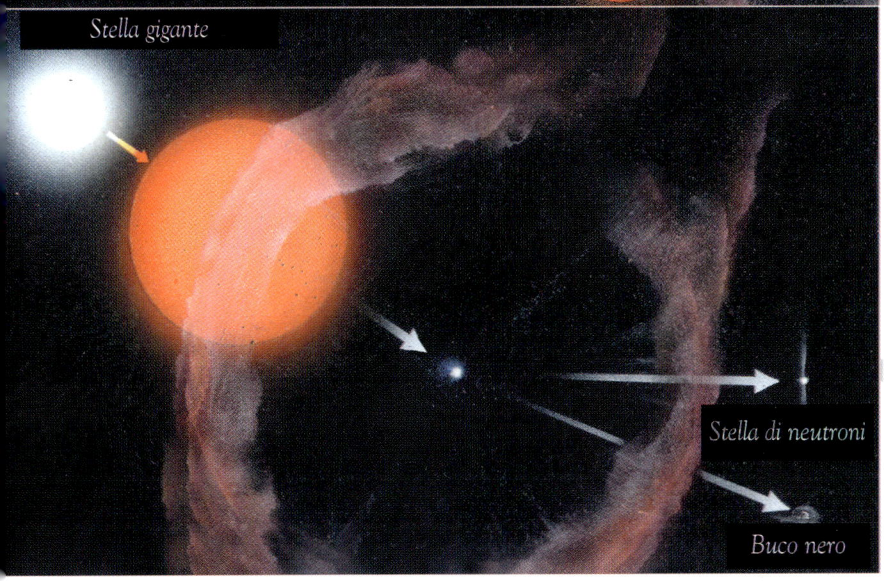

La fine di una

Le stelle di grande massa hanno una fine molto più grandiosa: esplodono in un vero e proprio fuoco d'artificio trasformandosi in ciò che viene definito una "supernova".

Il motore si imballa

Quando tutto l'idrogeno è esaurito e trasformato in elio, il nucleo di una grossa stella diventa una gigantesca fucina. Fabbrica e brucia elementi sempre più pesanti e diversi: carbonio, azoto, neon, ossigeno, magnesio, alluminio, silicio, ecc., persino ferro. Per tutto questo tempo il nucleo continua a contrarsi e la temperatura aumenta sempre più.
Giunge il momento in cui il cuore non ha più nulla da bruciare. È ormai composto solo di ferro. La temperatura raggiunge allora i 5 miliardi di gradi: il nucleo implode brutalmente, mentre tutto il resto della stella viene violentemente lanciato nello spazio in un grandioso fuoco d'artificio. Questa stella che esplode è una supernova (1)! Essa libera torrenti di energia e di luce: in un mese può brillare quanto brilla il Sole durante tutta la sua vita.

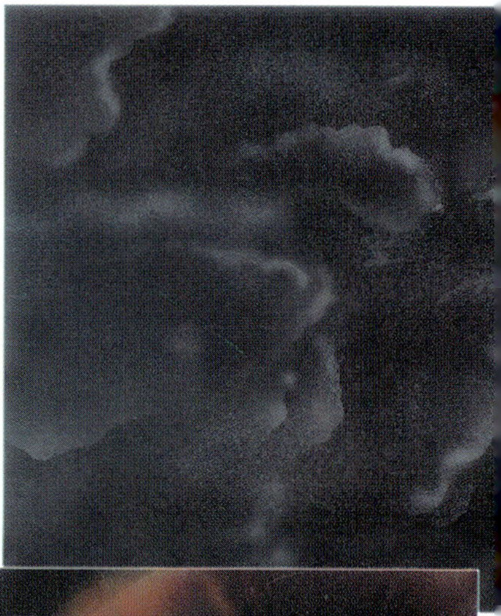

2

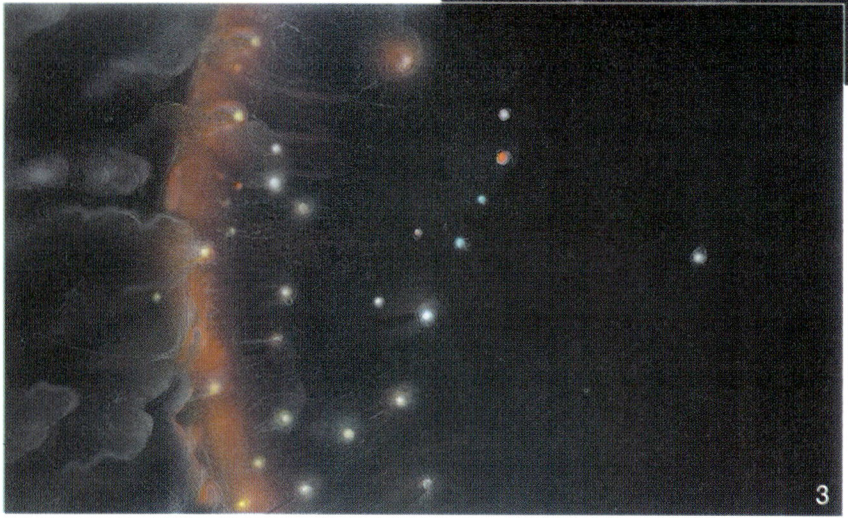

3

Onde d'urto

L'esplosione di una supernova produce un'onda d'urto (2). Come un'onda gigantesca, questa andrà a "schiaffeggiare" le nubi di gas e di polveri che si trovano non lontano di là. Sotto questo potente urto, alcune delle nubi colpite. incominceranno a contrarsi, a crollare sotto il proprio peso. E, al loro centro, potranno

stella gigante

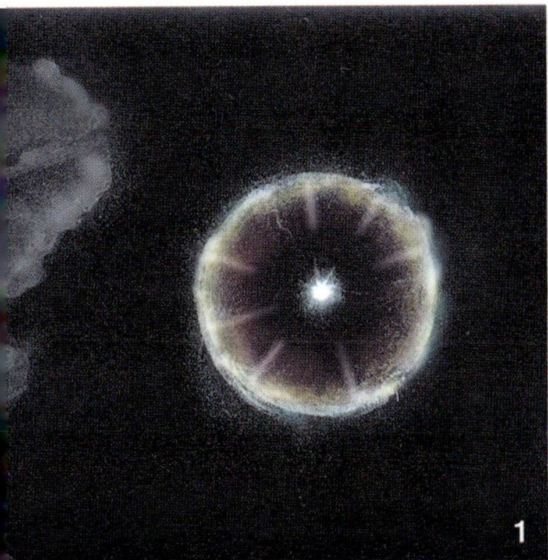
1

4

Le stelle di neutroni ruotano su se stesse a grande velocità e con estrema regolarità. Poiché emettono anche segnali radio, anch'essi appaiono molto regolari, tanto regolari che gli scienziati hanno creduto dapprima che si trattasse di messaggi inviati da extraterrestri! Ma non è così...

5

Succede che del gas cada su un buco nero. Prima di essere inghiottito, il gas si illumina. È questo il solo momento in cui un buco nero può diventare visibile.

nascere nuove stelle (3). Così una stella, morendo, può dare vita ad altre stelle!

La nebulosa

La stella morente ha lanciato nello spazio la maggior parte della materia di cui era costituita sotto forma di una nube (che si definisce "nebulosa"), dapprima sferica ma che si sfilaccerà con il passare del tempo. Gli elementi pesanti contenuti in questa nube arricchiranno il cosmo e serviranno per la fabbricazione di nuove stelle.

La stella di neutroni

Quanto al nucleo dell'antica stella, si è talmente contratto che gli atomi sono andati distrutti. Rimane solo una piccola palla di neutroni serrati gli uni contro gli altri. Un cucchiaino da caffè di questa materia pesa migliaia di tonnellate! Il nucleo si è trasformato in ciò che viene definito una "stella di neutroni". La sua superficie è caldissima: ha una temperatura di milioni di gradi! Le stelle di neutroni emettono segnali radio che permettono a volte di scoprirle.

Il buco nero

Ma se la massa della stella di neutroni supera tre o quattro volte quella del sole, nulla funziona più. La piccolissima stella continua a contrarsi e giunge il momento in cui tutta la sua massa si concentra in un punto o quasi. Si forma allora uno stranissimo oggetto che "inghiotte" tutto ciò che giunge alla sua portata e dal quale nulla può sfuggire, neppure la luce...
Questi oggetti, invisibili poiché da essi non esce nessuna luce, sono tra i più misteriosi del cosmo, e tra i più famosi : si tratta infatti dei celebri buchi neri (5).

I mostri

Nessuno ha mai visto davvero un buco nero. Ma gli astronomi riescono a scoprire questi astri invisibili grazie ai saccheggi che essi compiono intorno a sé. Sono infatti mostri voraci che inghiottono tutto ciò che ha la sfortuna di cadere nella loro trappola!

Un lungo spaghetto

Il centro di un buco nero assomiglia a un pozzo senza fondo, scavato nel cosmo, che ha intorno una specie di perimetro di sicurezza: è il confine esterno del buco nero. Tutto ciò che riesce a superare questo limite, non può più uscire e viene inghiottito. Quando la materia (per esempio il gas di una stella vicina) viene catturata, incomincia a stirarsi e una parte di essa si trasforma in luce. Ha appena il tempo di risplendere di mille fuochi prima di essere inghiottita per sempre nell'abisso del buco nero. Allo stesso modo, un coraggioso astronauta che volesse studiare da vicino un buco nero e ne varcasse il confine esterno, verrebbe stirato fino a trasformarsi in un lungo spaghetto per poi

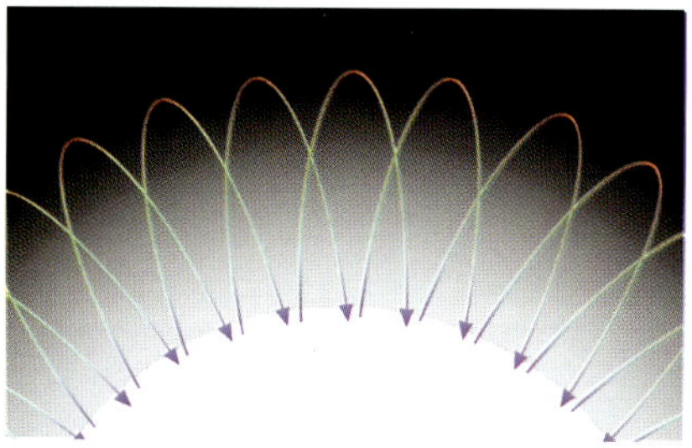

Un buco nero può emettere della luce, che ricade però subito sulla sua superficie.

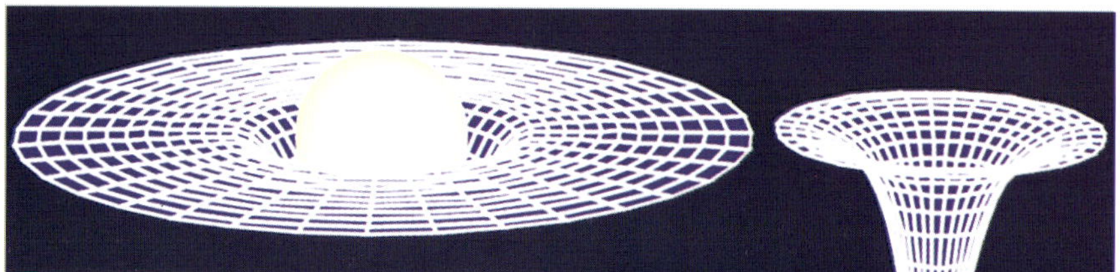

Ogni oggetto (pianeta, stella, galassia) dotato di una certa massa forma un "pozzo" nello spazio. Ma il pozzo formato da un buco nero è senza fondo (a destra).

scomparire senza averci potuto dire nulla di ciò che ha visto.

Piccoli e giganteschi

I buchi neri che si formano in seguito all'esplosione di una supernova hanno più o meno la massa di una stella banale come il Sole. Sono piccolissimi ghiottoni. Ma gli astronomi hanno scoperto che esistono buchi neri molto più mostruosi, giganti veri e propri la cui massa può superare milioni di volte quella del Sole. Questi mostri non vivono in posti qualunque, ma si nascondono al centro delle galassie.

Attenti al risveglio

Anche il centro della nostra galassia, la Via Lattea, nasconderebbe un buco nero con una massa grande tre o quattro milioni di volte quella del Sole. Questi giganteschi buchi neri possono rimanere addormentati per tempi relativamente lunghi, se nessuna materia giunge a

del cosmo

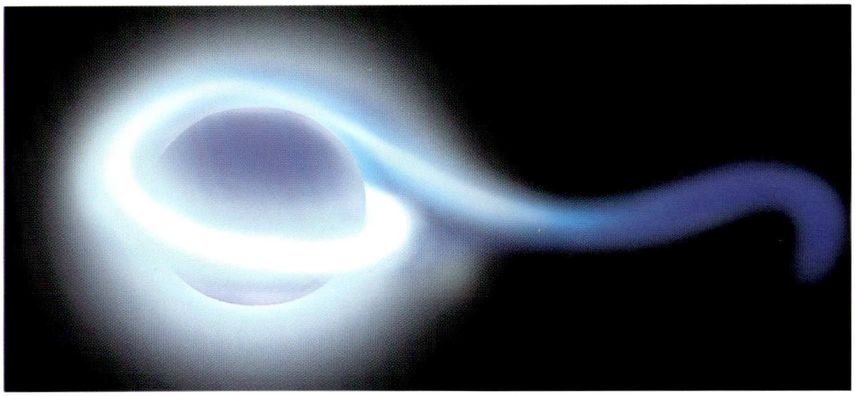

L'incontro di due buchi neri deve essere uno spettacolo fantastico. Come se sorgesse inaspettatamente da un punto dello spazio, la materia del buco nero più piccolo viene attratta e brilla violentemente prima di essere inghiottita dal più grande.

turbare il loro sonno cadendo su di loro. Ma, attenti al risveglio! Nel centro di alcune galassie gigantesche, gli astronomi hanno scovato, per esempio, oggetti straordinariamente luminosi che possono brillare come decine di altre galassie riunite insieme. Questa luce straordinaria è la prova che enormi quantità di materia – stelle, gas e polveri – sono state "catturate" e stanno cadendo vorticosamente nel buco nero centrale, che poi le inghiottirà facendole scomparire per sempre.

Lontani quasar

Ma vi sono corpi ancora più mostruosi e più lontani nel cosmo. Sono i quasar, noti per essere i più lontani di tutto l'Universo. Visti dalla Terra, sembrano stelle e tuttavia brillano come centinaia o anche come un migliaio di galassie riunite. Gli astronomi pensano che anche i quasar siano nuclei di galassie invisibili perché troppo lontane e che debbano i loro torrenti di luce e di energia alla presenza di un buco nero sul quale continua a cadere della materia.

Le iperstelle

Ma come possono esistere mostri simili la cui massa supera 100 milioni di volte quella del Sole? Nessuno sa spiegarlo... ma alcuni astronomi immaginano che, quando queste lontane galassie hanno incominciato a formarsi, le collisioni fra loro fossero più frequenti (l'Universo era più piccolo!) e che alcune si siano fuse. La loro materia si è trovata concentrata al centro e ha formato delle specie di iperstelle che, essendo troppo massicce e troppo instabili, si sono subito dissolte in una colossale esplosione, mentre il loro nucleo precipitava in un gigantesco buco nero. L'esplosione di queste iperstelle ha scosso violentemente lo spazio creando molte onde, come fa un grosso sasso lanciato nell'acqua.

Anche se sono un tempo esistite, le iperstelle non sono vissute a lungo. La loro esplosione ha dato origine a onde che hanno frammentato le nubi circostanti.

Strane

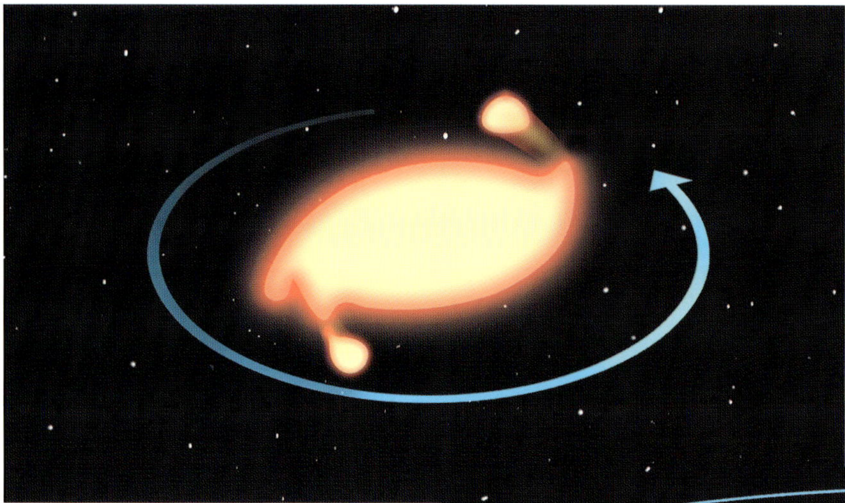

Un girotondo senza fine

Una volta nate, le due stelle passeranno la vita a girare l'una intorno all'altra, in un girotondo senza fine. Le stelle doppie sono preziose per gli astronomi, perché l'osservazione dei loro movimenti permette di calcolarne la massa, ciò che non è possibile per una stella isolata.

Molte stelle nell'Universo vivono in gruppi di due, tre o quattro. Finché vivono, girano continuamente le une intorno alle altre.

Contrariamente a quanto succede al nostro Sole, molte stelle vivono in coppia. Gli astronomi le definiscono "stelle doppie". Ora, come in molte coppie della Terra, i loro rapporti non sono sempre calmi e sereni! Può anche succedere che queste stelle si distruggano a vicenda.

Nascita multipla

Le stelle doppie sono numerosissime: la metà delle stelle della nostra galassia vive in coppia. Come si formano queste stelle? Poiché è molto raro che una stella ne catturi un'altra nel cosmo, vi sono molte probabilità che le stelle doppie nascano insieme, nello stesso momento, a partire dalla stessa nube di gas e di polveri che si dividerebbe in due. Queste nubi possono anche frammentarsi in diversi pezzi, il che spiegherebbe il fatto che certe stelle vivono in gruppi di tre, quattro, cinque, sei o anche più!

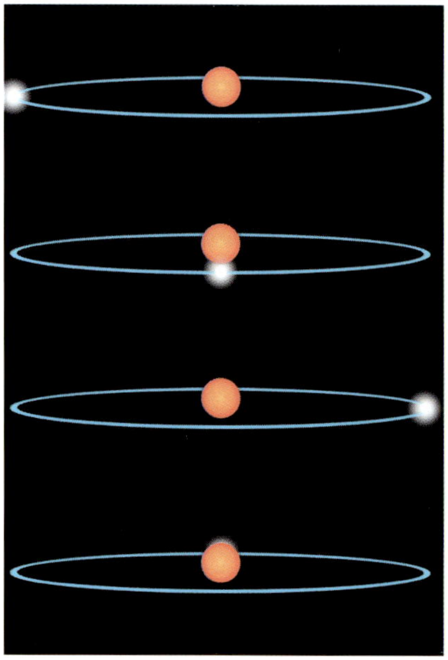

Una vera partita a rimpiattino! Ecco una coppia di stelle che gli astronomi chiamano "binaria a eclisse": ogni volta che una delle due passa davanti all'altra, la luminosità diminuisce bruscamente. Visto dalla Terra, il corpo celeste (in realtà non si distinguono più le due stelle) sembra lampeggiare.

coppie!

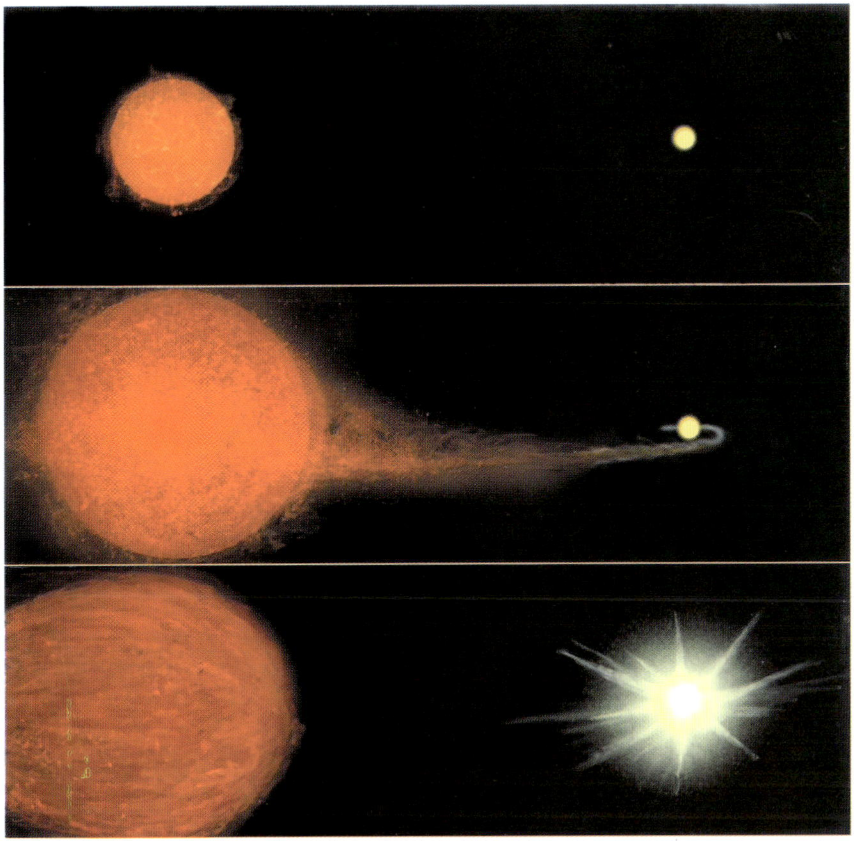

Ecco una nova!
La loro vita di coppia può rimanere tranquilla per molto tempo. Ma quando la più grossa delle due stelle ha esaurito le sue riserve di idrogeno e si è trasformata prima in una gigante rossa e poi in una nana bianca, tutto cambia!
Incomincia a sottrarre violentemente il gas alla compagna. Ma tutto questo gas che si accumula è per lei un "peso" e, bruscamente, la superficie della nana bianca esplode. La stella risplende vivamente per alcune ore: ecco una nova! Gli astronomi del passato avevano già notato queste strane apparizioni nel cielo e le avevano chiamate "nova", perché credevano che si trattasse di nuove stelle. Ma poiché la stella che esplode, diventando così visibile, è una nana bianca, in realtà essa è molto vecchia!
Come le comete, anche le novae furono considerate a lungo presagi degli dei.

Ritorno alla normalità
Dopo la brusca esplosione, la nana bianca ritrova a poco a poco il suo splendore iniziale. Ridiventa calma e la vita di coppia riprende fino alla prossima crisi. Quando la seconda stella incomincia a trasformarsi in una gigante rossa, tutto ricomincia da capo!

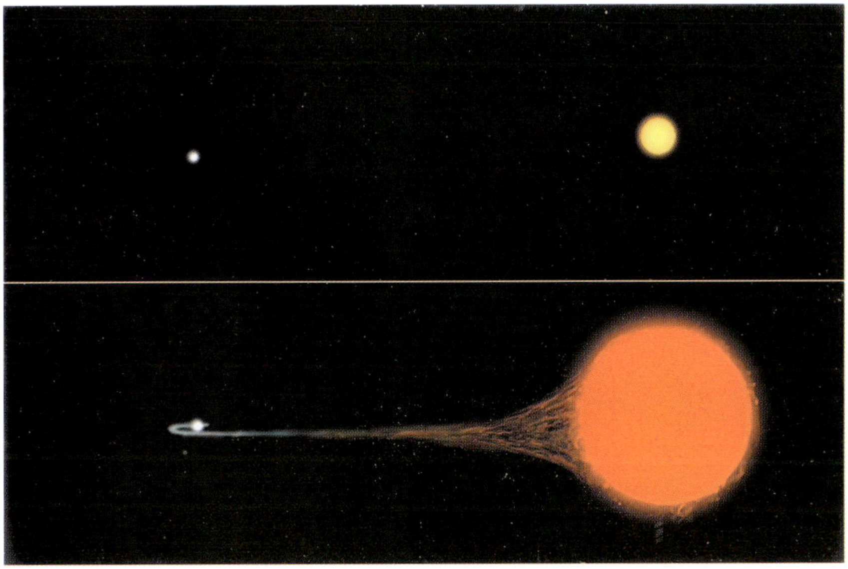

Le nubi

Esiste una grande quantità di nubi diverse nell'Universo. Alcune sono piuttosto fredde, altre piuttosto calde. Alcune sono quasi trasparenti, come veli leggeri. Altre, al contrario, sono molto opache, quasi nere. Tutte, in ogni caso, contengono gas e polveri e tutte portano il nome di nebulose.

Nubi nere
Alcune nebulose sembrano scure perché contengono molta polvere che non lascia passare la luce. È il caso della famosa nebulosa della Testa di cavallo, nella costellazione di Orione.

Dalla nascita alla morte
Dal momento in cui nascono

La nebulosa della Testa di cavallo ha un nome veramente adatto, non è vero? È un'immensa nube scura ricchissima di polveri che si staglia, come un'ombra cinese, sullo sfondo di un'altra nebulosa, brillante e di colore rosa, nella costellazione di Orione.

del cosmo

Nel 1995, il telescopio spaziale Hubble riuscì a fotografare queste gigantesche colonne di gas, situate nella nebulosa dell'Aquila, a 7 000 anni luce dalla Terra. Tutto il sistema solare potrebbe essere contenuto in una sola delle piccole protuberanze di queste colonne di gas freddo e denso, nel quale vi sono certamente stelle che stanno nascendo.

fino alla morte, possiamo dire che le stelle frequentano le nebulose. Nascono infatti nelle nubi di gas e di polveri e quando arrivano alla fine della loro vita, danno origine ad altre nebulose: quelle che lanciano violentemente nello spazio prima di morire.

Quanta acqua, quanta acqua!

Nel freddo dello spazio, atomi, molecole e polveri si agglutinano e possono formare composti molto diversi. Nelle nebulose si trova di tutto. Recentemente gli astronomi vi hanno persino scoperto grandi quantità d'acqua.

La nebulosa che ha dato origine al Sole e ai suoi pianeti doveva del resto contenerne molta. Ciò ha permesso alla Terra di avere gli oceani e di veder fiorire la vita sulla sua superficie.

Diversi livelli

La materia dell'Universo non si distribuisce a caso, ma è organizzata in strutture che sembrano "incastrate" le une nelle altre. Le stelle non vagano mai da sole, lontano da tutto, nel vuoto. Ma appartengono a galassie che a loro volta fanno parte di ammassi di galassie, ecc.

Gli ammassi di stelle

Molte stelle appartengono a un ammasso stellare. Ne esistono di due tipi: gli "ammassi aperti" contengono alcune centinaia di stelle e non hanno una forma ben definita. Sono giovani e le loro stelle si sparpaglieranno qua e là con il passare del tempo.
Al contrario, gli "ammassi globulari" sono sfere molto compatte che possono contenere anche più di 100 000 stelle. Questi ultimi sono molto vecchi, hanno circa l'età dell'Universo stesso.

Una stella e i suoi pianeti

Le galassie

Sia che facciano parte di un ammasso o che siano un po' più solitarie, come il nostro Sole, tutte le stelle appartengono a una galassia. La galassia è una gigantesca concentrazione di stelle, di gas e di polveri, che si mantengono unite grazie alla gravitazione. La nostra galassia, la Via Lattea, contiene più di 200 miliardi di stelle e ha un diametro che misura più di 100 000 anni luce! Possiede anche due piccole galassie satelliti, che le ruotano intorno e che hanno il grazioso nome di "Nubi di Magellano".

Un ammasso globulare

Un ammasso aperto

Gli ammassi di galassie

Anche le galassie sono raramente sole.
Si raggruppano in ammassi di galassie. La nostra Via Lattea appartiene, per esempio, a un piccolo ammasso di una trentina di galassie, chiamato Gruppo locale. Questo ammasso è dominato dalla presenza della galassia più vicina a noi (situata comunque a 3 milioni di anni luce!), la galassia di Andromeda, che contiene un numero di stelle doppio della nostra.
Il Gruppo locale è circondato da una cinquantina di ammassi galattici che hanno più o meno la sua stessa dimensione. Ma sembrano

Una galassia

tutti ridicoli se paragonati a un grande ammasso non lontano, a 55 milioni di anni luce: l'ammasso della Vergine, che riunisce più di 3 000 galassie.

I superammassi di galassie

In realtà, il nostro Gruppo locale e la cinquantina di piccoli ammassi vicini

nell'Universo

formano, intorno all'ammasso della Vergine, ciò che viene definito un superammasso di galassie. Intorno al nostro superammasso si estendono vasti spazi vuoti che lo separano dagli altri e che non contengono stelle.
A prima vista sembra che l'organizzazione della materia si fermi qui, che i superammassi di galassie siano l'ultima matrioska, la più grande, esistente nell'Universo. Ma non è affatto così.

Un ammasso di galassie

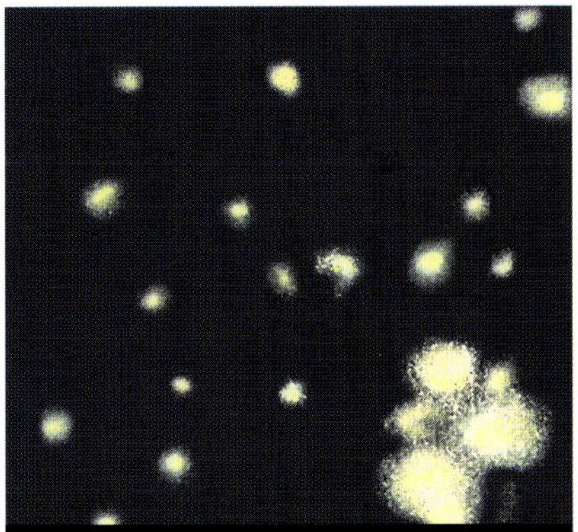

Un superammasso di galassie

Come una spugna
Qualche anno fa, alcuni astronomi hanno intrapreso un lavoro titanico…

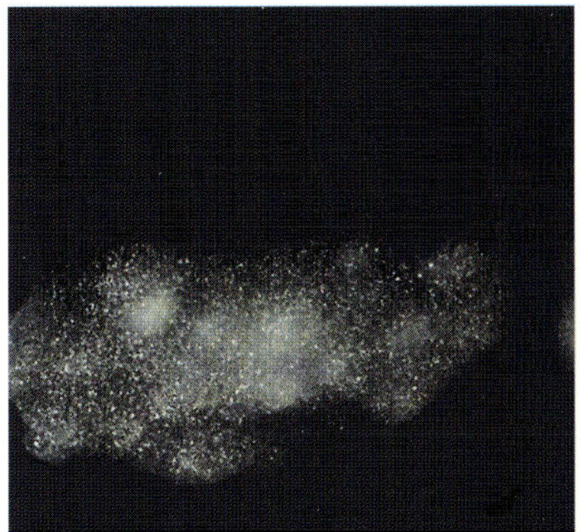

Una nube di ammassi di galassie

Studiando la posizione di centinaia di migliaia di galassie hanno scoperto che l'Universo, su grandissima scala, presentava una strana struttura: si sono accorti che tutto avveniva come se gli ammassi e i superammassi di galassie si dividessero e si disponessero sulla superficie di bolle immense separate da grandi vuoti. Su scala grandissima, l'Universo sarebbe simile a una schiuma o, meglio ancora, a una spugna! Gli astronomi tentano oggi di spiegare come sia potuta apparire una struttura simile. I loro risultati potrebbero un giorno rivoluzionare ciò che crediamo di sapere sulla formazione delle galassie e dello stesso Universo.

L'Universo assomiglierebbe a una spugna: alcuni astronomi ne sono convinti!

Miliardi

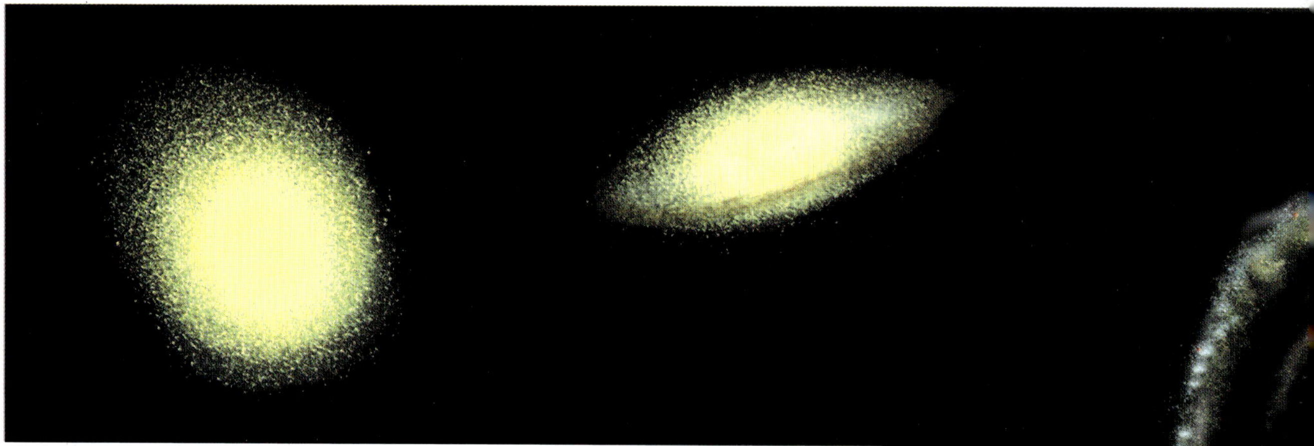

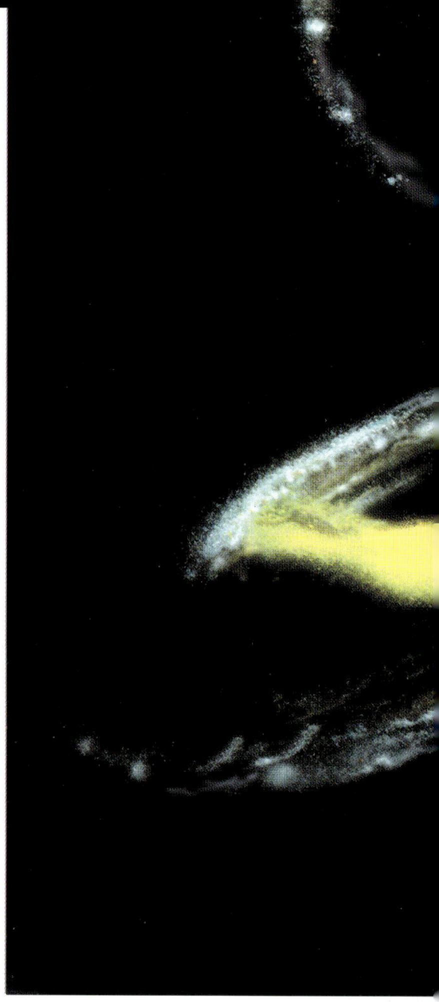

L'Universo conta, a dir poco, decine di miliardi di galassie. Sono gigantesche concentrazioni di stelle, di gas e di polveri che girano su se stesse. Possono avere grandezze molto diverse: le più piccole sono composte da decine di milioni di stelle, mentre le più grandi ne contengono migliaia di miliardi! Fu l'astronomo Edwin Hubble – sempre lui – che ebbe, nel 1925, l'idea di classificarle secondo la forma. La sua classificazione è utilizzata ancora oggi.

Le galassie ellittiche

Le galassie ellittiche hanno, come indica il nome, l'aspetto di una sfera, di una palla più o meno schiacciata. Sono popolate da vecchie stelle che diventano sempre più numerose e vicine fra loro man mano ci si avvicina al centro. Però le galassie ellittiche non hanno più gas: esso è stato senz'altro utilizzato del tutto per fabbricare stelle nel passato. Ora, se non c'è più gas, ciò significa anche che nessuna nuova stella si può formare…

Le galassie ellittiche possono avere dimensioni diverse.

Ci sono le "nane" che racchiudono alcune decine di milioni di stelle, mentre altre, le "ellittiche giganti" sono veri e propri mastodonti: possono essere 500 volte più grandi della nostra galassia, la Via Lattea. Capita spesso di scoprire una o più ellittiche giganti che troneggiano maestosamente in mezzo a un ammasso di galassie.

di galassie

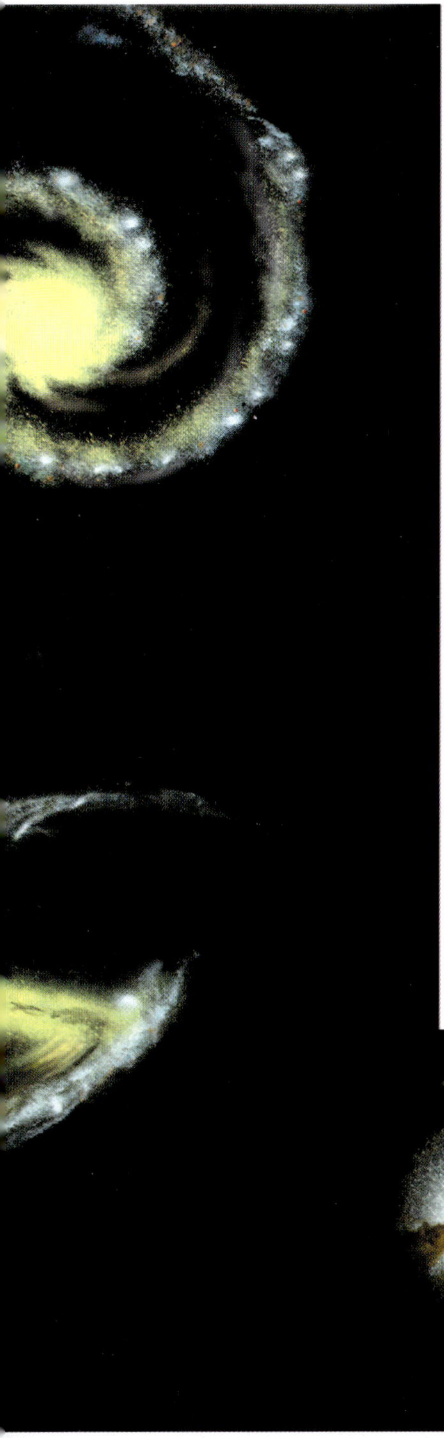

Le galassie spirali

Le galassie spirali come la Via Lattea, o come la nostra vicina Andromeda, sono immediatamente riconoscibili per il loro aspetto. Possiedono un disco poco spesso, pieno di stelle brillanti, di gas e di polveri, con magnifici "bracci a spirale". Questi bracci escono da un rigonfiamento centrale, il "bulbo", che contiene soltanto vecchie stelle.

A volte i bracci partono da una struttura allungata, una "barra" situata al centro del bulbo. Si dice allora che la galassia è una spirale barrata. Potrebbe essere il caso della nostra, ma non è una cosa molto facile da stabilire. Per esserne sicuri, bisognerebbe poter osservare la Via Lattea da sopra! Ma ciò non è possibile: il Sole e i suoi pianeti si trovano nel disco della Via lattea, a 28 000 anni luce dal centro!

Qual è l'età delle galassie?

Tutte le galassie contengono stelle molto vecchie che hanno la stessa età. Gli astronomi pensano perciò che si siano formate molto presto nella storia dell'Universo e tutte nella stessa epoca, una dozzina di miliardi di anni fa.

Le galassie lenticolari: a volte una galassia può possedere un disco dal quale non si vede uscire nessun braccio a spirale: viene definita "galassia lenticolare". È una via di mezzo tra le galassie ellittiche e le galassie a spirale.

Infine, alcune galassie non hanno una forma precisa e vengono chiamate "irregolari". Forse sono state deformate dalla presenza di altre galassie troppo vicine. È questo il caso delle due piccole galassie che accompagnano la Via Lattea, le Nubi di Magellano.

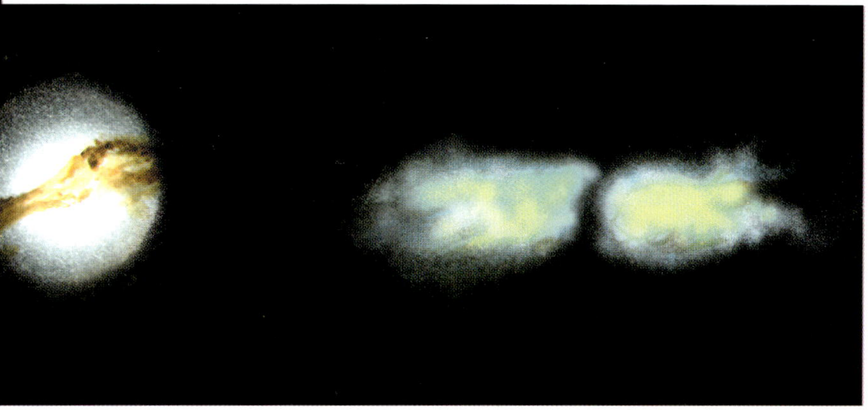

Nei segreti

Le galassie spirali sarebbero circondate da un alone scuro popolato da vecchie stelle.

Le galassie spirali eclissano tutte le altre per la loro bellezza. Devono la loro maestosità soprattutto ai bracci, nei quali continuano a formarsi nuove stelle dando origine a splendidi fuochi d'artificio. Ma gli astronomi tentano ancora di capire che cosa vi succede in realtà: le spirali non hanno rivelato tutti i loro segreti!

Materia... nera

Guardando minuziosamente le spirali che ruotano su se stesse, gli astronomi hanno scoperto per esempio che la materia visibile (stelle, gas, polveri) non era sufficiente a spiegare i loro movimenti. Secondo i calcoli, le spirali dovrebbero essere almeno quattro volte più "pesanti" di quanto sono apparentemente! Gli astronomi hanno perciò ipotizzato che in esse esista della materia invisibile, o materia nera. Ma dove si nasconde questa materia? È un mistero perché, per quanti sforzi si facciano, non si riesce proprio a scoprirla!

I bracci delle galassie spirali sono i luoghi dove si formano le stelle. Per questo sono tanto brillanti.

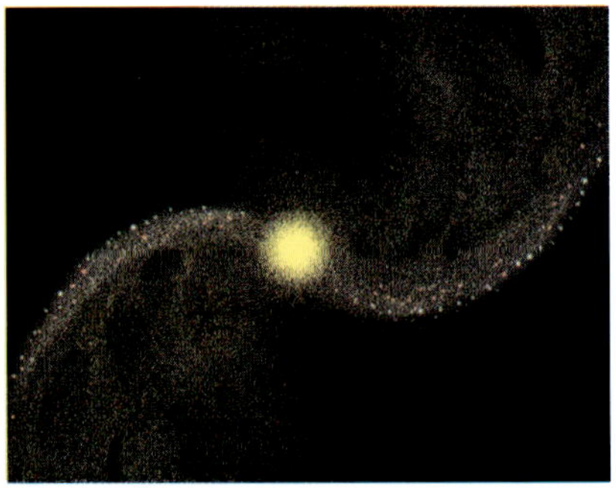

Una galassia spirale vista di profilo. Il bulbo (in giallo) è ben visibile, così come il disco.

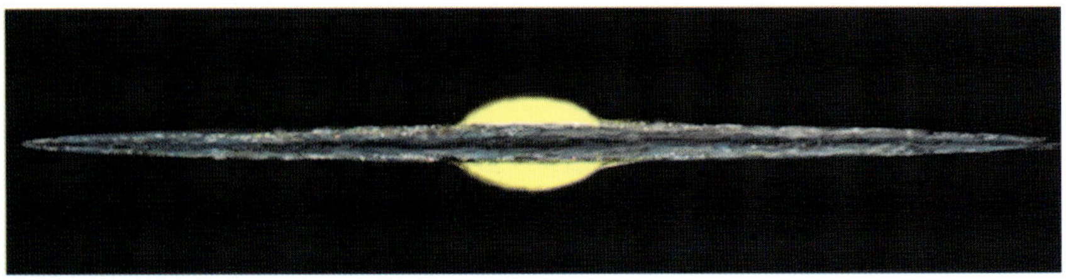

E aloni scuri

Gli astronomi hanno però un' idea... Pensano che una parte di questa materia nera si nasconda nei giganteschi "aloni" scuri che si trovano intorno alle galassie spirali. Gli aloni sono grandi gusci sferici, pieni di vecchie stelle (raggruppate spesso in ammassi globulari) e di gas caldo. Avvolgono interamente il disco e il bulbo delle spirali. Anche la nostra Via Lattea, come le altre, ne possiede uno.

A braccia aperte

Le galassie spirali possiedono spesso due e a volte quattro bracci (è il caso della nostra). Gli astronomi si sono chiesti a lungo da dove venisse la forma a spirale di questi bracci. Constatando che le stelle situate verso il centro del disco di una spirale girano più veloci di quelle che si trovano verso l'esterno, hanno creduto dapprima di aver trovato la spiegazione: la forma a spirale dei bracci era dovuta a questa differenza di velocità! Ma si sono poi accorti che il movimento delle stelle del disco era molto più complicato di quanto pensassero e che,

delle spirali

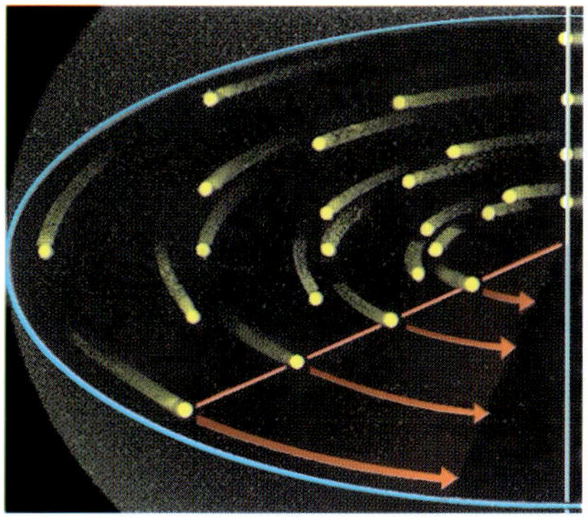

Il disco di una galassia spirale non gira come un corpo solido (nel quale la velocità aumenta quando ci si allontana dal centro). Nella zona centrale, la velocità delle stelle aumenta, mentre, a una certa distanza dal centro, diminuisce prima di diventare costante.

cosa succede in un ingorgo: le automobili che lo formano cambiano continuamente. Entrano nell'ingorgo, vengono compresse le une contro le altre, poi ne escono, mentre nuove automobili arrivano. Allo stesso modo, le stelle e i gas che si trovano nei bracci a spirale non sono mai gli stessi, ma cambiano man mano che l'onda spirale avanza, seguendo il suo ritmo.

Fasci di stelle

Quando un braccio a spirale incontra una nube di gas e di polveri del disco, lo comprime con grande forza.
La compressione farà nascere fasci di nuove stelle.
Di queste, le supergiganti avranno vita molto breve ed esploderanno trasformandosi in supernovae. A sua volta, l'onda d'urto dell'esplosione potrà provocare la nascita di altre stelle simili al nostro Sole.

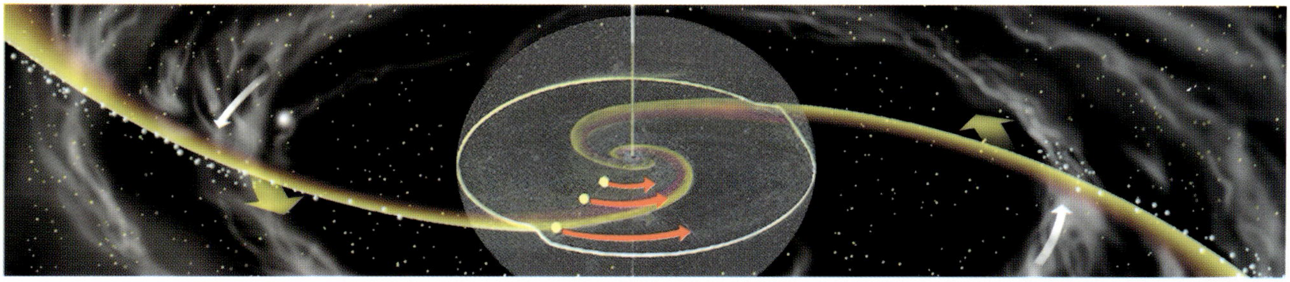

I bracci delle spirali devono la loro forma a onde spirali che, partendo dal bulbo, si propagano girando nel disco. Queste onde si spostano molto più lentamente della materia (stelle, gas e polveri) del disco. Quando il gas del disco e l'onda si incontrano, il gas viene fortemente compresso e ciò fa nascere nuove stelle.

in ogni caso, non spiegava la forma dei bracci.

Ingorghi sull'autostrada

I bracci sono disegnati da un'onda, a forma di spirale, che gira nel disco con un suo ritmo. In realtà, i bracci non sono vere e proprie strutture. Sono piuttosto "zone di compressione" e in ciò assomigliano agli ingorghi dell'autostrada. Vediamo che

Quando incontra l'onda spirale, la materia del disco si comporta un po' come le biglie che, dovendo superare una cavità, accelerano mentre scendono dal pendio per poi rallentare durante la risalita e riavvicinarsi le une alle altre.

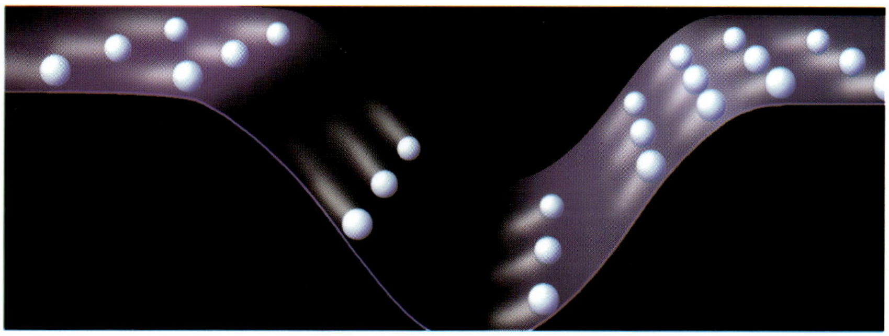

La grande

Una spirale fragile (al centro) sembra dilaniata dall'attrazione di due galassie potenti che danno l'impressione di contendersene le stelle.

Contrariamente a quanto si potrebbe credere, le galassie non hanno una vita di tutto riposo. Succede spesso che si scontrino fra loro, nella buona e nella cattiva sorte.

Le collisioni

Le galassie hanno dimensioni impressionanti e, paragonate alla loro grandezza, le distanze che le separano non sono poi tanto grandi. Non c'è dunque da stupirsi se entrano in collisione, soprattutto negli ammassi galattici dove sono più numerose e più concentrate che altrove. Il più delle volte, non usciranno indenni da queste carambole.

Le fusioni

Talvolta le galassie si fondono e ciò succede quando le loro traiettorie e le loro velocità sono molto vicine. Gli astronomi hanno già scoperto nell'Universo galassie che possiedono non uno, ma due bulbi brillanti. Questo è il segno che esse provengono dalla fusione di due galassie distinte, che un giorno hanno avuto la sfortuna di incrociarsi.

Negli ammassi, le galassie sono numerose e gli scontri sono frequenti.

Una piccola galassia ha colpito una grande spirale nel centro. Una gigantesca onda d'urto ha deformato la grande, dandole la forma di una ruota di carro.

Gli scambi

La maggior parte delle volte, le due galassie si incrociano senza scontrarsi, ma ne escono comunque deformate. Se i loro bulbi pieni di stelle si scontrano, possono invece prodursi catture e collisioni di stelle. Avviene allora uno scambio: alcune stelle, nate in

carambola

Il "film accelerato" di una collisione. Due maestose galassie spirali si avvicinano lentamente l'una all'altra. Poi l'urto. La violenza dell'urto le deforma e provoca l'uscita di lunghe scie di gas. Questo gas, molto compresso, darà origine a fasci di stelle azzurrine (è il colore delle stelle giovani). Se i bulbi delle due galassie si toccano, può succedere che alcune stelle vengano catturate e passino dall'una all'altra. Tutto ciò durerà comunque alcune centinaia di milioni di anni! Se l'urto è avvenuto a grande velocità, le due galassie si separano e potranno in seguito ritrovare lentamente la loro forma a spirale. Ma se lo scontro si produce a bassa velocità, incominceranno a ruotare l'una intorno all'altra e finiranno per fondersi.

una delle due galassie, finiranno la loro vita nell'altra!

Ponti di stelle

Per quanto riguarda il gas delle due galassie, esso viene violentemente compresso al momento della collisione e, con un grande fuoco d'artificio, dà origine a una folla di nuove stelle!
Poi finalmente le galassie si separano, ma veri e propri ponti di gas e di stelle molto luminose, (perché molto giovani) continuano a collegarle. Alcune di queste stelle saranno di nuovo catturate dall'una o dall'altra delle due galassie, altre invece rimarranno dove si trovano e formeranno un piccolo ammasso isolato, lontano da tutto.

Una piccola galassia è stata catturata da una bella spirale e un ponte di stelle le unisce. Molto probabilmente finiranno per fondersi.

Il futuro

L'Universo ha avuto un inizio, il big bang, e avrà forse anche una fine... ritornerà un giorno a contrarsi su se stesso e finirà come è incominciato, in un punto molto denso e molto caldo? Oppure, al contrario, continuerà a dilatarsi indefinitamente? I due scenari sono, in ogni modo, poco confortanti sia l'uno che l'altro!

Una questione di massa

Quale sarà il destino dell'Universo? Tutto dipende dalla sua massa, cioè dalla quantità totale di materia che vi è contenuta... e che oggi nessuno conosce veramente. Se questa massa è sufficiente, la forza di gravitazione riuscirà un giorno a bloccare l'espansione. L'Universo incomincerà allora a contrarsi di nuovo su se stesso e le galassie si riavvicineranno lentamente le une alle altre prima di fondersi.

Verso il big crunch

L'Universo continuerà a contrarsi fino a ridiventare, come era all'origine, una palla molto calda di materia e di luce.. E finirà per scomparire in un "big crunch", esattamente l'opposto del big bang!

Se l'espansione dell'Universo non si fermerà mai, le galassie continueranno ad allontanarsi le une dalle altre. E verrà un giorno in cui tutte le loro stelle si spegneranno.

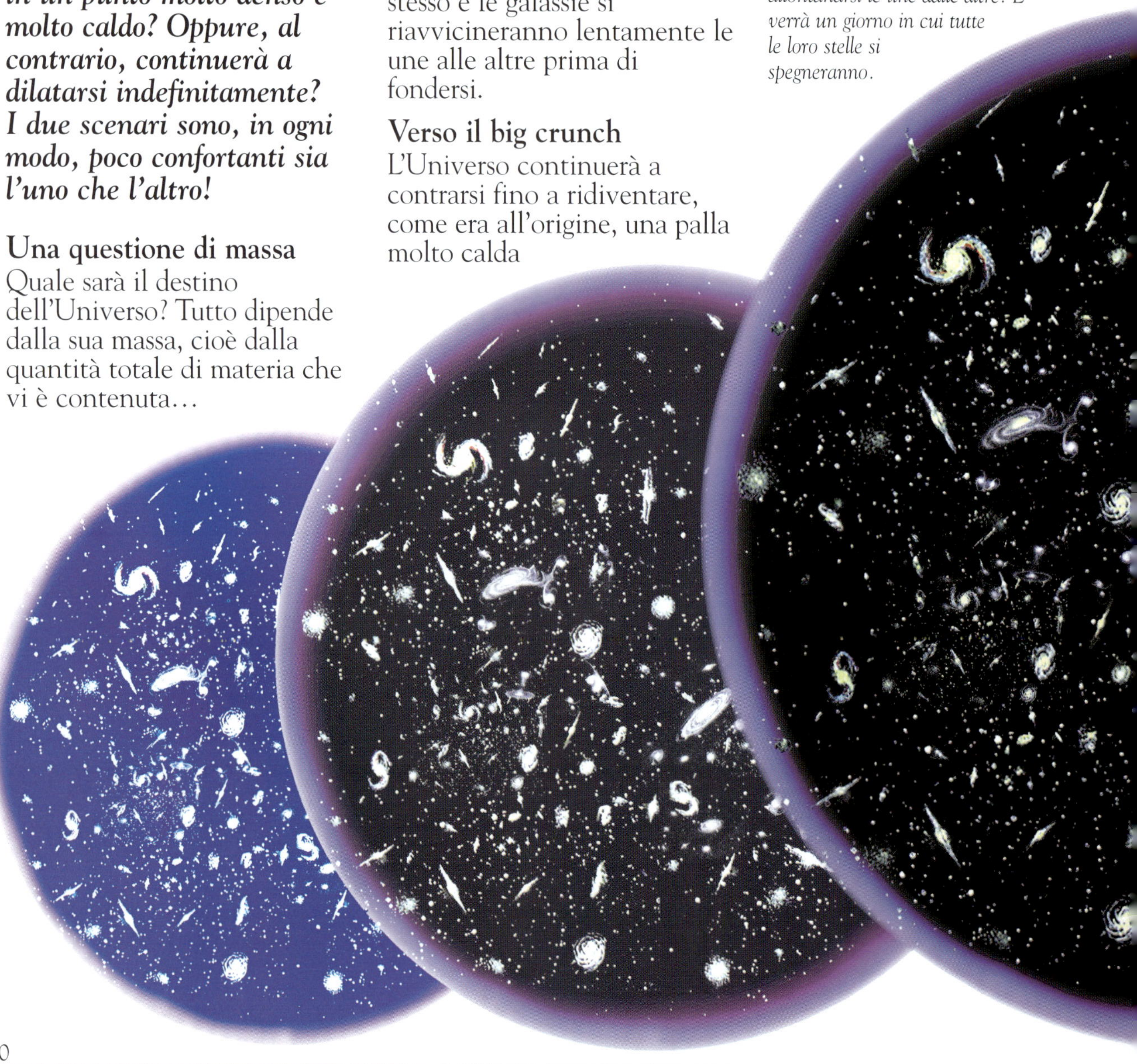

dell'Universo

L'espansione all'infinito
Al contrario, se la massa totale dell'Universo non è sufficiente (questa è, del resto, la convinzione degli astronomi dei nostri giorni), un destino completamente diverso lo attende : la sua espansione continuerà indefinitamente.

Estinzione delle luci
Se l'espansione continuerà, le galassie si allontaneranno sempre più le une dalle altre e un bel giorno avranno completamente esaurito il gas che serve per formare nuove stelle. Quanto alle stelle esistenti, si raffredderanno e si spegneranno una a una. Può anche darsi che finiscano nel buco nero sempre più grande che, al centro delle galassie, inghiottirà tutto ciò che si trova alla sua portata. Privo di luce, il cielo diventerà sempre più buio.

Un universo di buchi neri
Così, l'Universo rischia di andare incontro a una fine molto sinistra: il freddo, il buio e la desolazione e, dopo un periodo molto lungo, sarà popolato solamente da giganteschi buchi neri che alla fine scompariranno anch'essi per evaporazione. Persino le particelle come i protoni si saranno disintegrate. Ma tutto ciò succederà solo fra miliardi di miliardi di miliardi di miliardi di anni! Noi, esseri umani, abbiamo ancora giorni bellissimi davanti a noi!

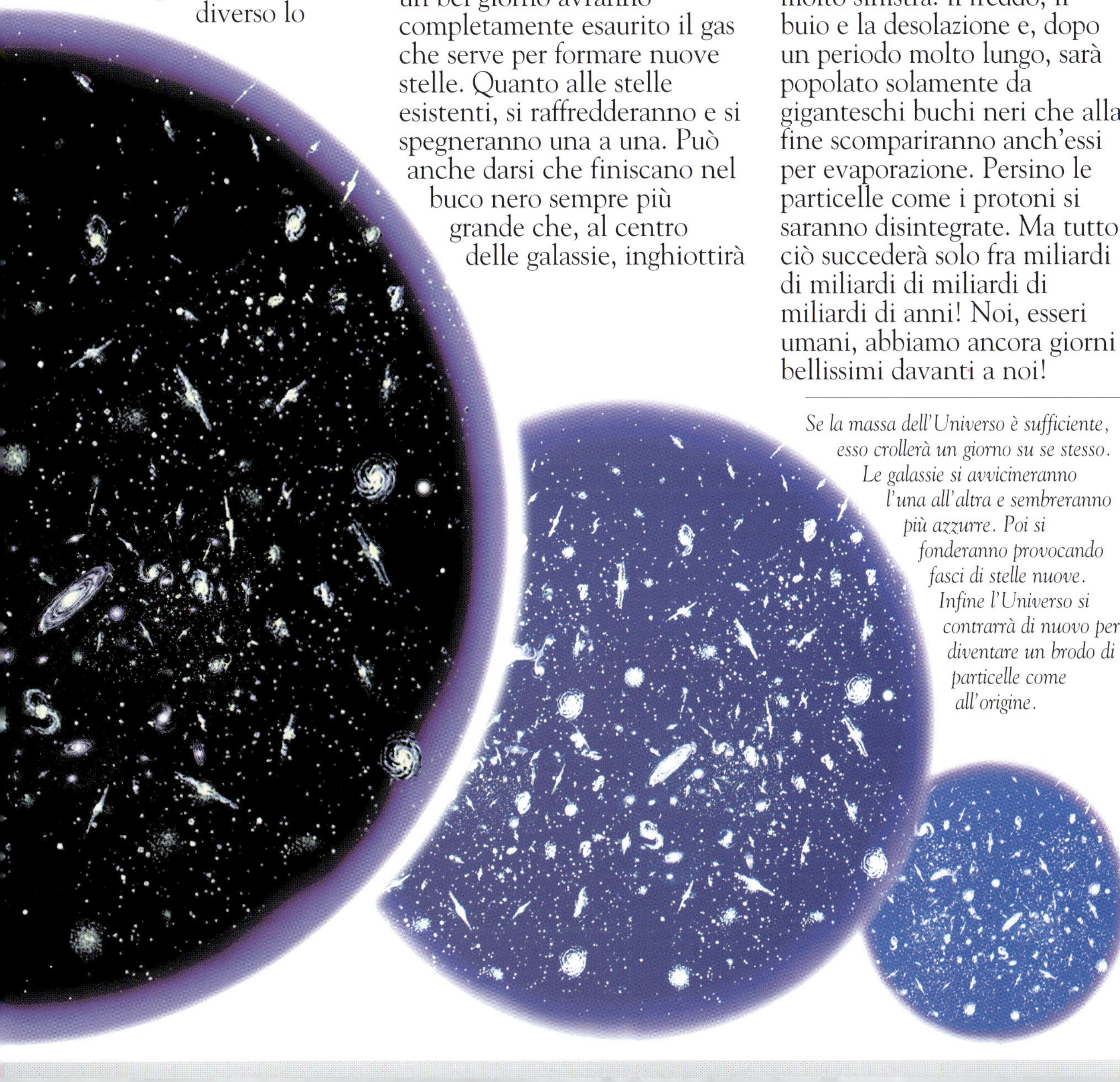

Se la massa dell'Universo è sufficiente, esso crollerà un giorno su se stesso. Le galassie si avvicineranno l'una all'altra e sembreranno più azzurre. Poi si fonderanno provocando fasci di stelle nuove. Infine l'Universo si contrarrà di nuovo per diventare un brodo di particelle come all'origine.

Il sistema

Il Sole, la nostra stella, è circondato da un corteo di nove pianeti che, per la maggior parte, sono a loro volta scortati da satelliti ruotanti intorno ad essi. Tutti insieme formano ciò che si chiama "sistema solare". Tutto questo piccolo mondo è nato contemporaneamente, circa 5 miliardi di anni fa, dentro la stessa nube.

Un grande disco

Come per le stelle, tutto ha avuto inizio da una nube di gas e di polveri che è crollata sotto il proprio peso (può anche darsi che abbia ricevuto un piccolo colpo dall'onda d'urto seguita all'esplosione di una vicina supernova). La nube ha incominciato a ruotare su se stessa assumendo la forma di un grande disco. Ma la maggior parte della materia si è concentrata al centro, là dove è nato il giovane Sole (A): la massa del Sole rappresenta il 99% della massa del sistema solare!

Fiocchi di polvere

Le polveri e i gas rimanenti, quelli che non sono serviti alla "fabbricazione" del Sole, hanno continuato a ruotare assumendo una particolare disposizione: gli elementi più pesanti si sono sistemati vicino al centro del disco, non lontani dal Sole, mentre gli elementi leggeri, tra cui gran parte dei gas, si sono spostati verso la periferia. Questa materia a poco a poco si è raffreddata e le polveri hanno incominciato a "incollarsi" le une alle altre, formando piccoli fiocchi.

Prima piano piano...

I fiocchi hanno continuato a girare e a incollarsi gli uni agli altri per formare blocchi non più grandi di un sasso. All'inizio, finché questi blocchi sono rimasti relativamente piccoli, tutto è avvenuto tranquillamente, dolcemente, come quando si fondono due palle di neve...

solare

Rocce e gas

Alla fine, quattro piccoli pianeti rocciosi (perché composti dagli elementi più pesanti) ruotavano non lontano dal Sole: Mercurio, Venere, la Terra e Marte. Molto più lontano, ruotavano quattro pianeti giganteschi composti di gas (cioè di elementi leggeri): Giove, Saturno, Urano e Nettuno. Quanto a Plutone, il nono pianeta, rimane ancora un mistero. Come mai questo piccolo corpo roccioso si trovava tanto lontano?

Poi con piogge violente

Ma, continuando a catturare materia, alcuni blocchi diventarono talmente grossi da raggiungere la grandezza di piccoli pianeti e attirarono a sé con una forza sempre maggiore gli altri blocchi che si trovavano alla loro portata.

Ben presto sui pianeti si è abbattuta una vera pioggia di proiettili e tutta la loro parte interna si è riscaldata fino a diventare incandescente. A poco a poco i pianeti hanno continuato a crescere, a scaldarsi, poi hanno finalmente raggiunto la grandezza attuale.

E il Sole?

Durante tutto questo tempo, il giovane Sole completava il suo lavoro "facendo le pulizie": emettendo grandi getti di materia, ha allontanato i gas e le particelle che non erano servite alla fabbricazione dei suoi pianeti.

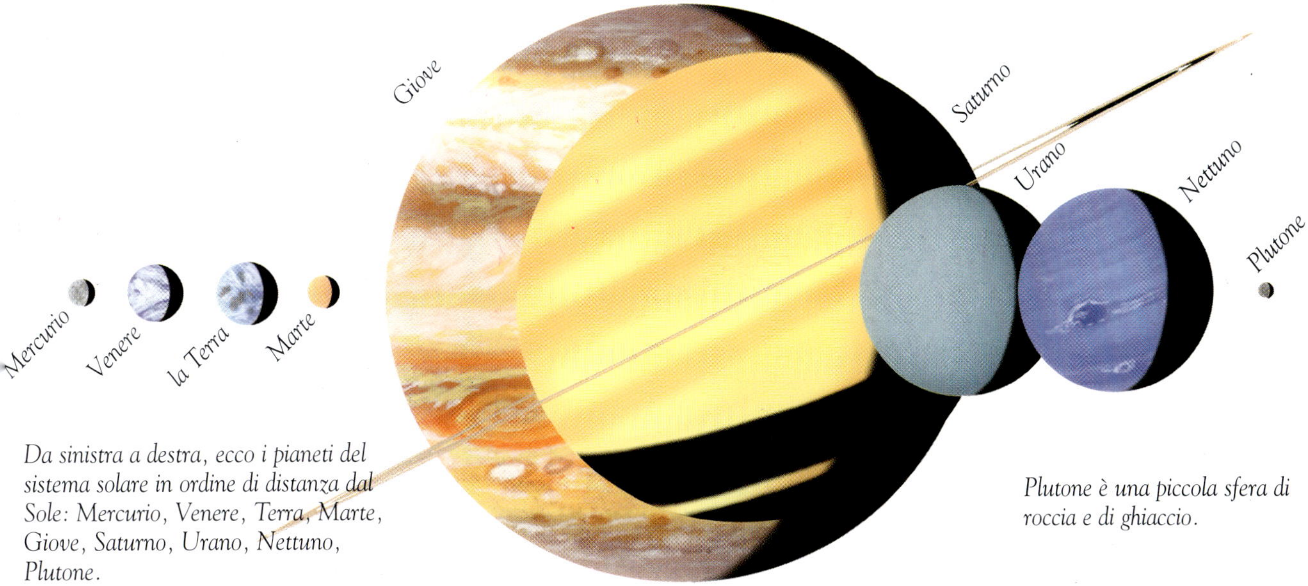

Da sinistra a destra, ecco i pianeti del sistema solare in ordine di distanza dal Sole: Mercurio, Venere, Terra, Marte, Giove, Saturno, Urano, Nettuno, Plutone.

Plutone è una piccola sfera di roccia e di ghiaccio.

La nostra stella,

Visto dalla Terra, il Sole sembra risplendere tranquillamente. Ma attenzione, come per tutte le stelle, è una falsa quiete! All'interno, il Sole bolle E da quando lo studiano, gli astronomi hanno imparato a spiare anche i minimi segni della sua collera.

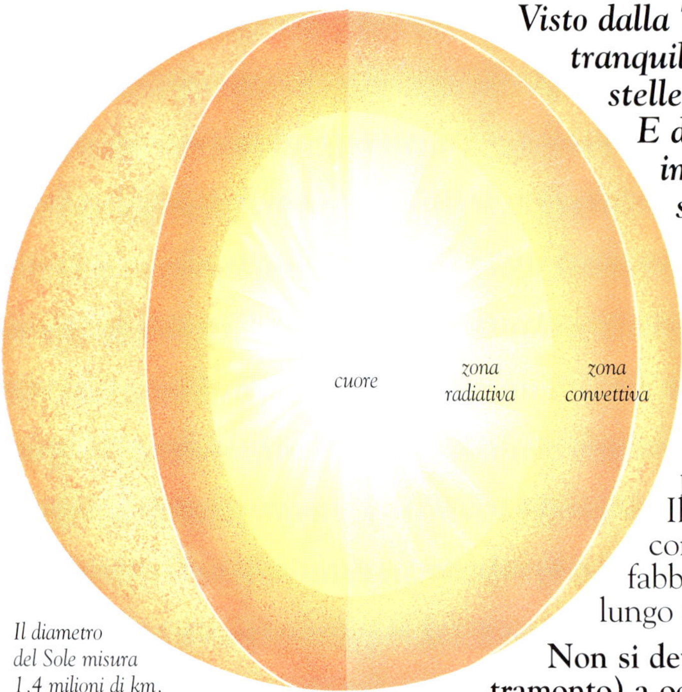

Il diametro del Sole misura 1,4 milioni di km, il che significa 110 volte il diametro della Terra, e la sua massa è 330 000 volte quella del nostro pianeta.

Una stella di seconda generazione

Il nostro Sole non fa parte delle stelle giganti, ed è una fortuna per noi, perché sarebbe già esploso non senza aver ridotto la Terra a un blocco di rocce fuse. Invece, potremo continuare a riscaldarci alla sua luce ancora per 5 miliardi di anni.

Il Sole è una stella di "seconda generazione"; contiene, come tutto il sistema solare, elementi fabbricati all'interno di un'altra stella, scomparsa da lungo tempo.

Non si deve mai guardare fisso il Sole (neppure al tramonto) a occhio nudo, né con gli occhiali da sole. Per osservarlo, bisogna comprare filtri speciali da un ottico.

Una macchia solare appare scura sulla superficie del Sole. Piccoli filamenti sembrano precipitare all'interno della macchia.

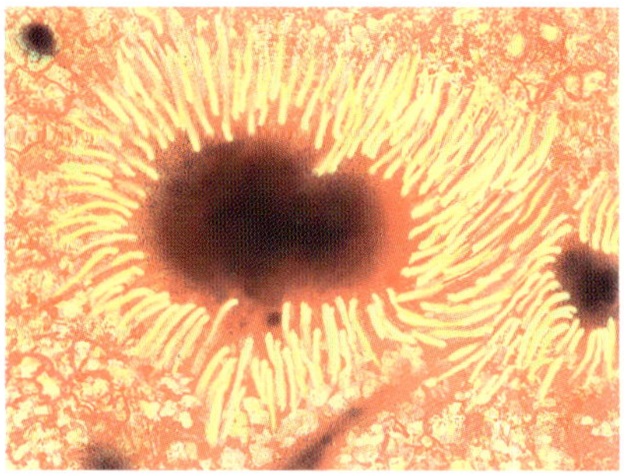

Altri filamenti, chiamati spicole, rendono la superficie del Sole simile a una moquette a pelo lungo.

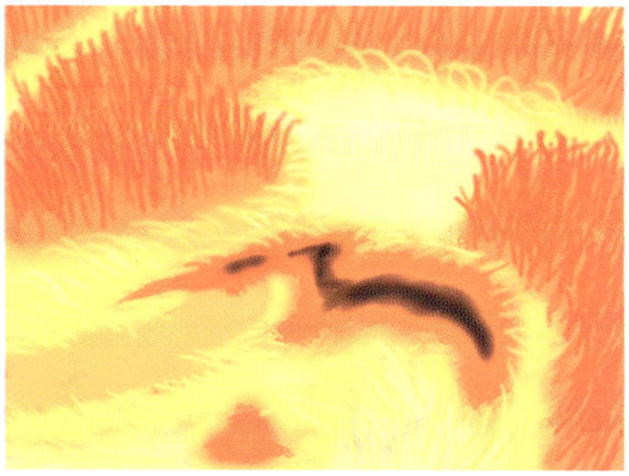

Quando avviene un'eruzione solare, immensi getti di materia possono essere proiettati all'esterno alla velocità di 200 000 km al secondo!

Il calderone solare

Il Sole è una palla di gas surriscaldati. I movimenti di questi gas assomigliano a quelli di un liquido che bolle, anche se con temperatura molto diversa!

La superficie della nostra stella raggiunge infatti una temperatura di circa 6 000 gradi. Vista da vicino, questa superficie mostra diversi filamenti, granuli lucenti e macchie scure. A volte la scuotono eruzioni spaventose. Grandi getti di materia vengono allora lanciati verso il cielo e ricadono, formando un grande arco chiamato "protuberanza".

il Sole

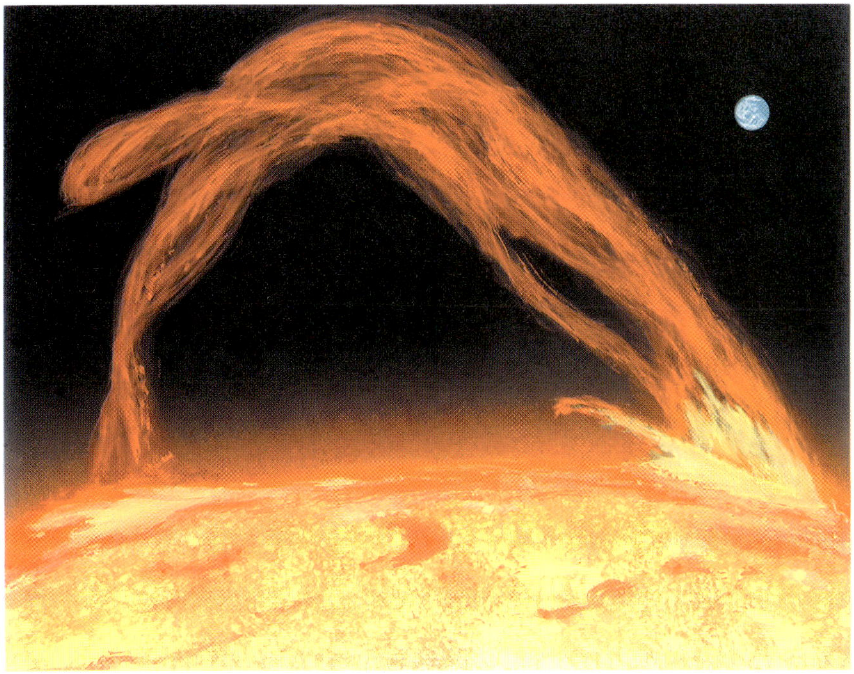

Una protuberanza solare assomiglia a un gigantesco arco di materia. Per un facile confronto, la Terra è stata disegnata accanto, nella stessa scala: possiamo così farci un'idea delle dimensioni dell'arco!

Un astro molto rumoroso!

A causa di tutta questa agitazione, la parte interna del sole continua a vibrare. Un po' come uno strumento musicale, il Sole emette suoni (e così anche le altre stelle). Per avere una vaga idea del frastuono che produce, mettete insieme i rumori di alcune migliaia di vulcani in eruzione, di turbine di aerei, alcune grandi orchestre sinfoniche al completo e amplificate al massimo!
Per fortuna i suoni non si propagano nel vuoto, altrimenti nessuno sulla Terra potrebbe dormire!

Che cosa sono le macchie solari?

Le macchie scure, chiamate macchie solari, sono zone un po' meno calde (circa 2 000 gradi) del resto della superficie del Sole. Alcune sarebbero abbastanza grandi per inghiottire la Terra intera! Compaiono periodicamente e il loro numero raggiunge il massimo ogni undici anni.

Nelle profondità

Tutti i fenomeni che si vedono in superficie non fanno che tradire l'agitazione esistente nelle viscere del Sole. Pensate: la temperatura, nel centro della nostra stella, raggiunge i 15 milioni di gradi! L'energia prodotta nel nucleo attraversa poi la "zona radiativa", ma con grande fatica: i fotoni urtano infatti continuamente contro le particelle presenti e impiegano circa 2 milioni di anni per uscire da questa zona. Intorno alla zona radiativa si trova la "zona convettiva", dove i movimenti del gas, come grosse bolle d'aria, trasportano il calore fino alla superficie.

Con filtri speciali, gli astronomi riescono a vedere filamenti lunghi centinaia di migliaia di chilometri sulla superficie del Sole.

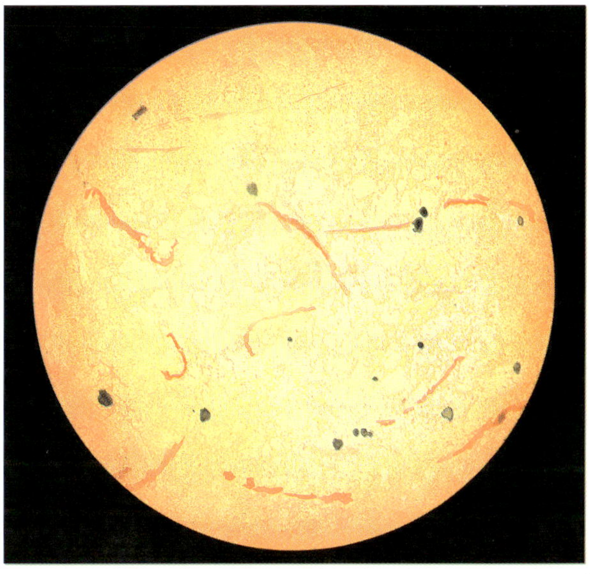

Il magnetismo

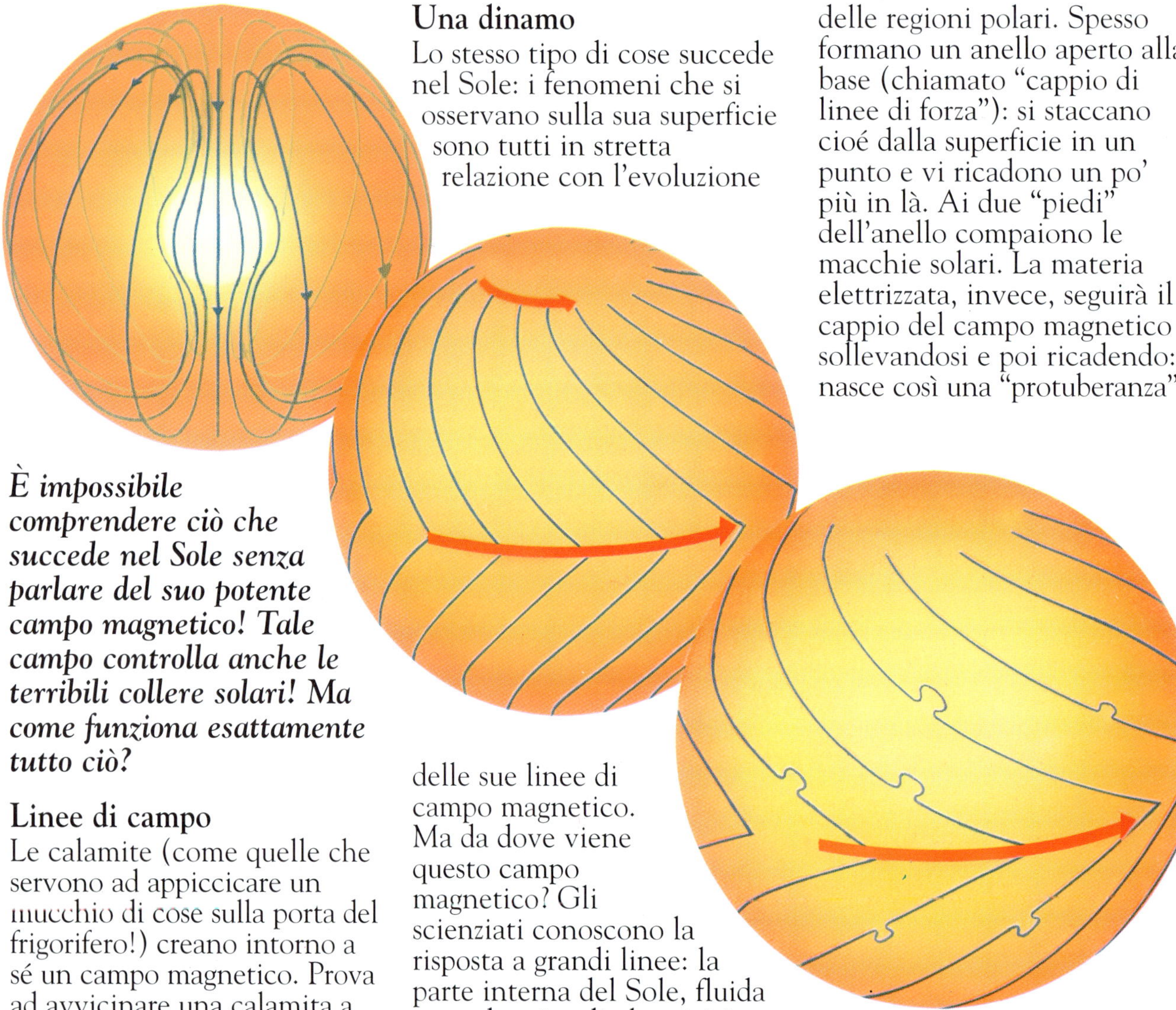

È impossibile comprendere ciò che succede nel Sole senza parlare del suo potente campo magnetico! Tale campo controlla anche le terribili collere solari! Ma come funziona esattamente tutto ciò?

Linee di campo

Le calamite (come quelle che servono ad appiccicare un mucchio di cose sulla porta del frigorifero!) creano intorno a sé un campo magnetico. Prova ad avvicinare una calamita a un mucchietto di limatura di ferro e vedrai che le particelle si dispongono su curve ben precise che congiungono il polo nord con il polo sud della calamita stessa. Queste curve si chiamano linee di campo e materializzano praticamente la direzione del campo magnetico.

Una dinamo

Lo stesso tipo di cose succede nel Sole: i fenomeni che si osservano sulla sua superficie sono tutti in stretta relazione con l'evoluzione delle sue linee di campo magnetico. Ma da dove viene questo campo magnetico? Gli scienziati conoscono la risposta a grandi linee: la parte interna del Sole, fluida e conduttrice di elettricità, ruotando crea un campo magnetico. È ciò che si chiama "effetto dinamo".

Anelli e macchie

Le linee di campo magnetico sulla superficie del Sole sono deformate, perché le regioni equatoriali girano a una velocità maggiore di quella delle regioni polari. Spesso formano un anello aperto alla base (chiamato "cappio di linee di forza"): si staccano cioé dalla superficie in un punto e vi ricadono un po' più in là. Ai due "piedi" dell'anello compaiono le macchie solari. La materia elettrizzata, invece, seguirà il cappio del campo magnetico sollevandosi e poi ricadendo: nasce così una "protuberanza".

I buchi della corona

Qua e là, le linee di campo magnetico possono anche essere aperte sullo spazio. Questi punti si chiamano fori coronali e, come indica il loro nome, sono buchi nella "corona", solo la zona più esterna dell'atmosfera del sole.

del Sole

La corona solare compare solo durante le eclissi totali di Sole o se si oscura il sole con un apparecchio chiamato coronografo

La corona, che è molto rarefatta, è di solito nascosta dalla luce abbagliante della nostra stella e diventa visibile solo durante le eclissi di sole. In compenso si estende su un grande spazio: giunge fino a più di 7 milioni di km dalla superficie del Sole! È anche estremamente calda, visto che la sua temperatura sfiora il milione di gradi.

Il vento solare

La corona lascia sfuggire continuamente un fiume di particelle (soprattutto protoni ed elettroni) che si diffondono in tutto il sistema solare. Questo fiume, chiamato vento solare, giunge fin nei pressi della Terra a più di 1 milione di km l'ora! Qui, attraverso i poli, si infila nell'atmosfera seguendo le linee del campo magnetico terrestre (eh sì, anche la Terra ne possiede uno!). Le sue particelle colpiscono gli atomi e le molecole dell'atmosfera, dando origine a splendide aurore polari che si chiamano boreali al polo nord e australi al polo sud.

Recentemente, sulla superficie del sole sarebbero stati osservati dei cicloni. Percorsi da correnti elettriche circolari rapidissime e molto forti, si comportano come acceleratori di particelle che lanciano nello spazio ad altissima velocità.

Attenzione al vento!

Il vento solare è evidentemente molto più forte quando il Sole entra in fase di grande attività, ogni undici anni. In questo caso vere e proprie tempeste magnetiche possono raggiungere la Terra e disturbare le nostre centrali elettriche e le nostre comunicazioni. La Terra non è perciò al riparo dalle collere del Sole. Anche gli enti spaziali, tra cui la NASA, evitano di mandare in orbita gli astronauti in questi periodi.

Mercurio.

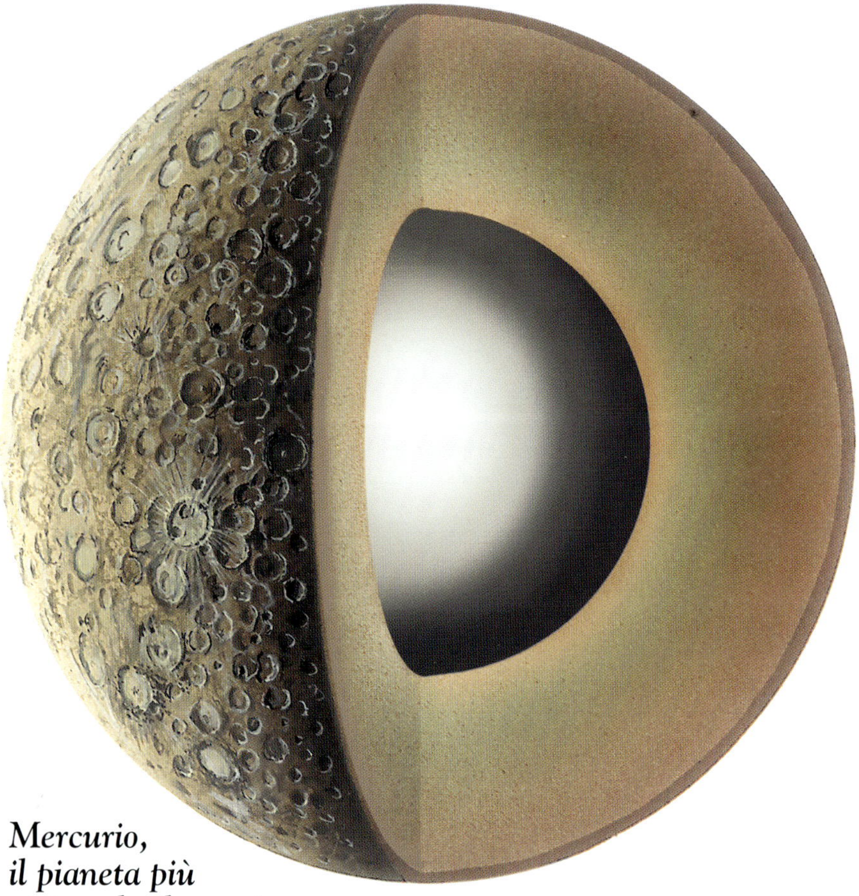

Mercurio gravita, in media, a 60 milioni di km dal Sole. Ha una massa 18 volte inferiore a quella della Terra ed è molto più piccolo del nostro pianeta che ha un diametro lungo più del doppio di quello di Mercurio.

Mercurio, il pianeta più vicino al sole merita in modo particolare il suo nome, che è quello di un metallo pesante. Infatti Mercurio è il pianeta la cui composizione è la più ricca di metalli di tutto il sistema solare.

Un cuore grande così

Alla fine del periodo di formazione, la parte interna di Mercurio aveva una temperatura di alcune decine di migliaia di gradi e ciò lo ha liquefatto. Gli elementi più densi, i metalli, sono caduti verso il nucleo che si è così costituito quasi esclusivamente di ferro. Oggi, il nucleo di Mercurio è molto più grande del normale: è il più grosso del sistema solare, tenuto conto delle dimensioni del pianeta. Che cosa ha causato questa situazione?

Una superficie bombardata

Come tutti i pianeti suoi fratelli Mercurio ha subito, dopo la sua formazione, un violentissimo bombardamento di meteoriti, che è durato un po' meno di un milione di anni. Questo bombardamento ha crivellato la superficie del pianeta di crateri di diverse grandezze: il più impressionante, il bacino Caloris, misura 1 350 km di diametro. Ora, l'impatto meteoritico è stato tanto violento da riuscire senz'altro a strappare gran parte della superficie di Mercurio lasciando il pianeta con un cuore "grande così".

Il violentissimo impatto che ha creato il bacino Caloris su Mercurio ha avuto ripercussioni fino agli antipodi! Potrebbe, tra l'altro, essere responsabile della grossezza anormale del nucleo.

l pianeta dei metalli

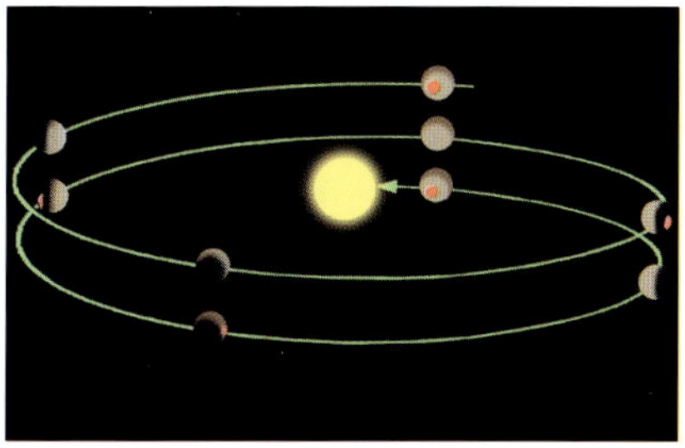

Su Mercurio, un giorno (cioè il tempo che il pianeta impiega per compiere un giro su se stesso) dura i due terzi di un anno (che è il tempo che impiega per compiere una rotazione intorno al Sole). Visto da Mercurio, il Sole ha una traiettoria molto strana: sorge, avanza, rallenta, ritorna indietro, poi rallenta di nuovo e riprende ad avanzare!

Un'atmosfera inesistente

Mercurio non possiede satelliti. E non ha neppure un'atmosfera, perché la sua piccola massa e quindi la sua debole forza di gravità non gli hanno permesso di trattenere a lungo le molecole di gas. Queste sono fuggite nello spazio molto tempo fa.

Il valzer delle temperature

Vicino com'è al Sole e senza atmosfera che lo protegga, Mercurio è ben lungi dall'essere un accogliente paradiso! La temperatura della superficie fa lo yo-yo: può salire fino a 400 gradi durante la giornata e precipitare a –170 gradi durante la notte! Malgrado queste condizioni estreme, gli astronomi hanno scoperto alcuni anni fa la presenza di ghiaccio su Mercurio. Il ghiaccio è nascosto in fondo ai crateri che sono situati in prossimità dei poli e che non vedono mai la luce del Sole.

È meglio non tentare di abbronzarsi sulla superficie di Mercurio! Il pianeta non ha un'atmosfera che filtra i raggi mortali del Sole molto vicino. Al suolo, sotto una luce accecante, la temperatura può raggiungere 450° C! Di notte, scende a –170°C!

Venere: benvenuti

Il nome della dea dell'amore e le dimensioni di poco inferiori a quelle della Terra, potrebbero far credere che Venere sia una mite sorella gemella del nostro pianeta. Ma bisogna diffidare delle apparenze!

La stella del mattino

Molte persone continuano a ignorare che la stella del mattino… non è affatto una stella! È Venere, il secondo pianeta del sistema solare. È tanto splendente perché è avvolta da un fitto strato di nubi che riflettono benissimo la luce del Sole.

L'effetto serra

Molto pesante e densa, questa atmosfera ha certamente il ruolo di uno schermo efficace contro i meteoriti che potrebbero minacciare di precipitare sul pianeta.

Ma questo è l'unico vantaggio. Infatti l'atmosfera schiaccia Venere sotto un terribile effetto serra. È composta soprattutto da anidride carbonica, che intrappola il calore dell'irraggiamento solare così come quello proveniente dalle profondità del pianeta. Risultato: sulla superficie di Venere vi sono 470° C e la pressione è equivalente a quella che si trova sotto mille metri d'acqua sulla Terra. Anche il

Venere gravita in media a 108 milioni di km dal Sole.

La superficie di Venere è costituita da grandi pianure (qui in blu) e da altopiani montuosi che superano in media i 4 km di altitudine.

all'inferno!

Non potendo raffreddarsi in fretta, le colate di lava dei vulcani venusiani scorrono per migliaia di km prima di potersi solidificare.

La lava ha formato strane cupole vulcaniche, di cui non esistono equivalenti sulla Terra, alte 700 m e con un diametro di 25 km.

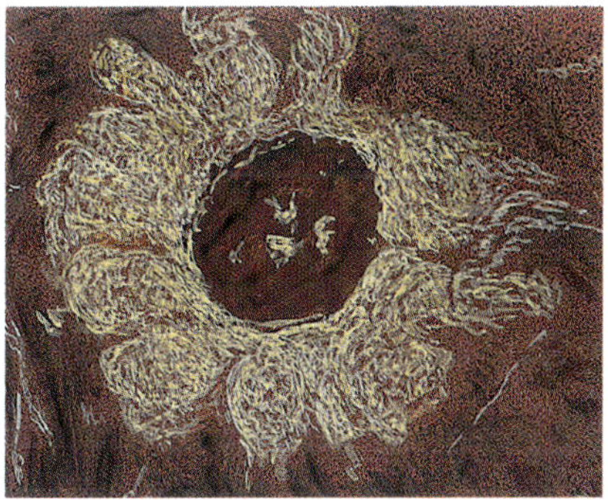

Attutiti dalla densa atmosfera, gli impatti dei meteoriti disegnano petali eleganti sulla superficie di Venere.

piombo fonderebbe, diventando liquido, in tali condizioni!

Vulcani dappertutto

La sonda americana Magellano ha sorvolato Venere nel 1990. Grazie al suo radar è riuscita a penetrarne l'atmosfera e a rilevarne la superficie. Vi ha scoperto grandi pianure (che coprono circa l'85% della superficie), immensi altopiani e vette un po' più alte di quelle della Terra.
Così, il monte Maxwell, la vetta più alta di Venere, culmina a 11 800 m di altitudine. Ma Magellano ha scoperto soprattutto i segni di un intensa attività vulcanica: colate di lava a migliaia, solidificate da poco, e tanti tanti vulcani dalle forme più bizzarre.

Venere ruota al contrario!

Venere ruota su se stessa in 243 giorni terrestri e in senso contrario a quello degli altri pianeti del sistema solare. Impiega un po' meno di 225 giorni per concludere un'orbita intorno al Sole. Con Mercurio, è il solo pianeta del sistema solare che non possiede satelliti.

Un cielo senza stelle, velato da foschie di acido solforico che fluttua in un'atmosfera spessa 100 km: i paesaggi di Venere sono arsi e desolati.

La Terra, il nostro

A 150 milioni di chilometri dal Sole gravita un piccolo pianeta diverso da tutti gli altri. I suoi oceani gli conferiscono un bel colore azzurro, contro il quale contrasta il bianco delle nubi. Questo pianeta è il nostro!

Il pianeta vivo

La Terra è il solo pianeta del sistema solare su cui si trovi la vita. Come è avvenuto questo miracolo? Molti elementi vi hanno contribuito. Il calore che la Terra riceve dal Sole e quello che si sprigiona dal suo nucleo le hanno permesso di raggiungere la temperatura ideale: quella in cui l'acqua può esistere allo stato liquido. E l'acqua è la vita!

All'origine, l'atmosfera terrestre, composta soprattutto di anidride carbonica, doveva essere quasi irrespirabile. Ma gli oceani hanno permesso di scomporre questo gas in carbonio e ossigeno, molto più favorevole alla vita!

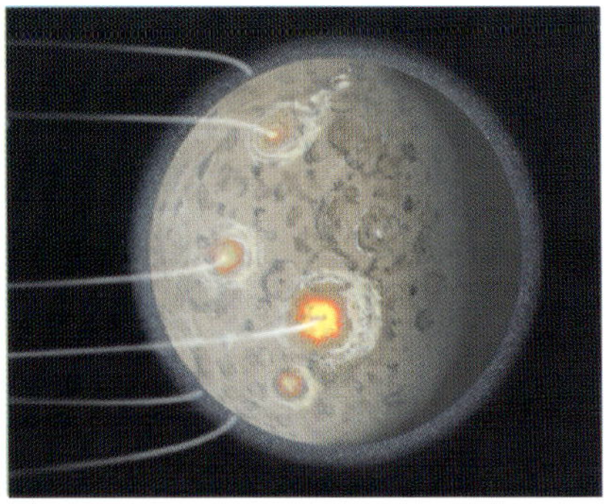

In gioventù, la Terra ha forse posseduto un'atmosfera di anidride carbonica tanto spessa e densa quanto quella che esiste attualmente su Venere. Ma col passare del tempo, questa atmosfera si sarebbe assottigliata.

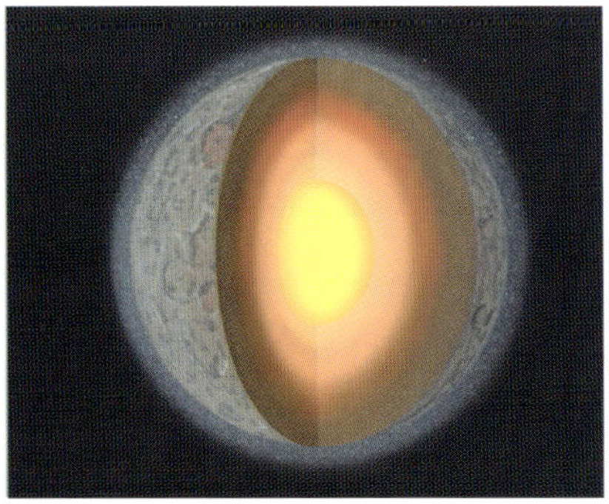

Il calore liberato agli inizi dal nucleo della Terra ha dovuto impiegare molto tempo per arrivare alla superficie: infatti le rocce di cui è costituito per la maggior parte il nostro pianeta sono, in generale, ottimi isolanti.

L'attività vulcanica è incominciata nel momento in cui il calore proveniente dal centro della Terra ha raggiunto la superficie, e cioè 4 miliardi di anni fa. Forse a quel tempo già esisteva la vita...

pianeta azzurro

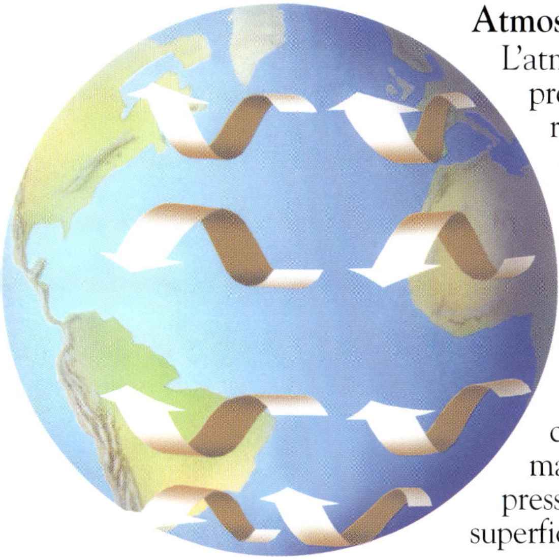

Atmosfera preziosa

L'atmosfera della Terra è preziosa per la vita. È in realtà un meccanismo molto complesso. La rotazione della Terra su se stessa fa circolare l'aria: l'aria calda dell'equatore sale verso i poli e l'aria fredda dei poli scende verso l'equatore. Questo continuo miscelarsi mantiene una temperatura press'a poco costante sulla superficie del globo.

Correnti d'aria e d' acqua

Nati dalla circolazione dell'aria, i venti partecipano attivamente a questo grande movimento. Nelle regioni tropicali i venti dominanti (gli alisei) spingono le onde di superficie del mare formando una corrente che va a sbattere contro i continenti. Là, si divide in due lingue: una si dirige a nord, l'altra a sud e tutte e due vanno a lambire i poli prima di ritornare verso l'equatore.

I venti esercitano la stessa azione sulle nubi, spingendole contro le montagne. Le nubi scaricano allora la loro umidità sotto forma di piogge o di neve, alimentando i torrenti e poi i fiumi che ritornano verso gli oceani.

L'aria calda e leggera che si dirige verso l'alto forma una depressione. Nelle zone tropicali, le depressioni possono trasformarsi in cicloni che si comportano come aspiratori e provocano il sollevamento del livello del mare.

Un anticiclone è formato da aria che, raffreddatasi ad altitudini elevate, è diventata più densa e ridiscende verso il basso. Il tempo anticiclonico è normalmente freddo, ma l'assenza di nubi permette al Sole di riscaldare il suolo. Per effetto dell'anticiclone, il livello del mare si abbassa.

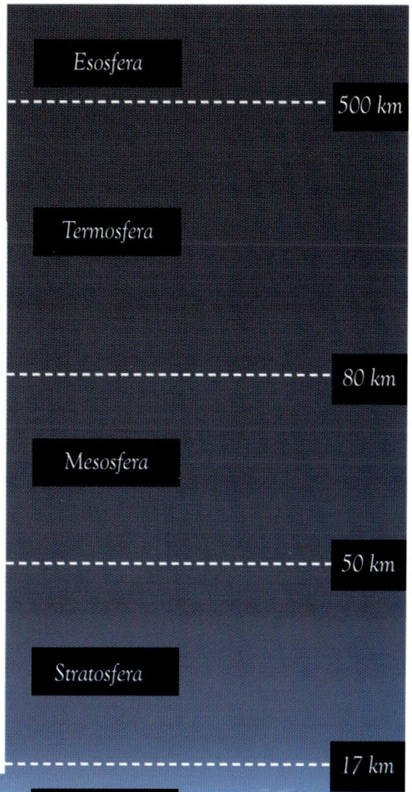

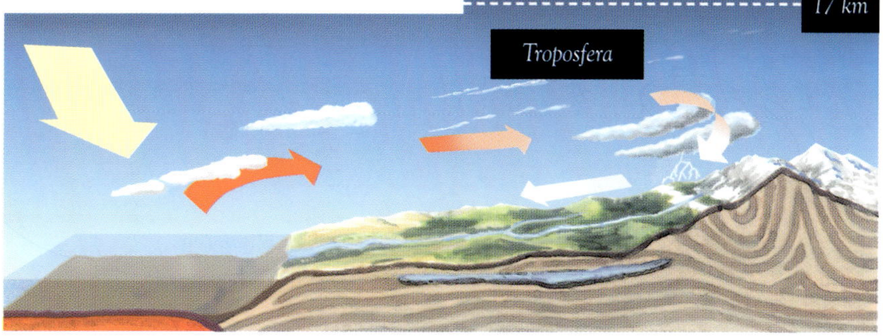

Il ciclo dell'acqua nell'atmosfera (acqua liquida, vapore acqueo, poi acqua solida sotto forma di neve, di grandine o di ghiaccio) è essenziale per il mantenimento di un buon clima sulla Terra.

Le profondità

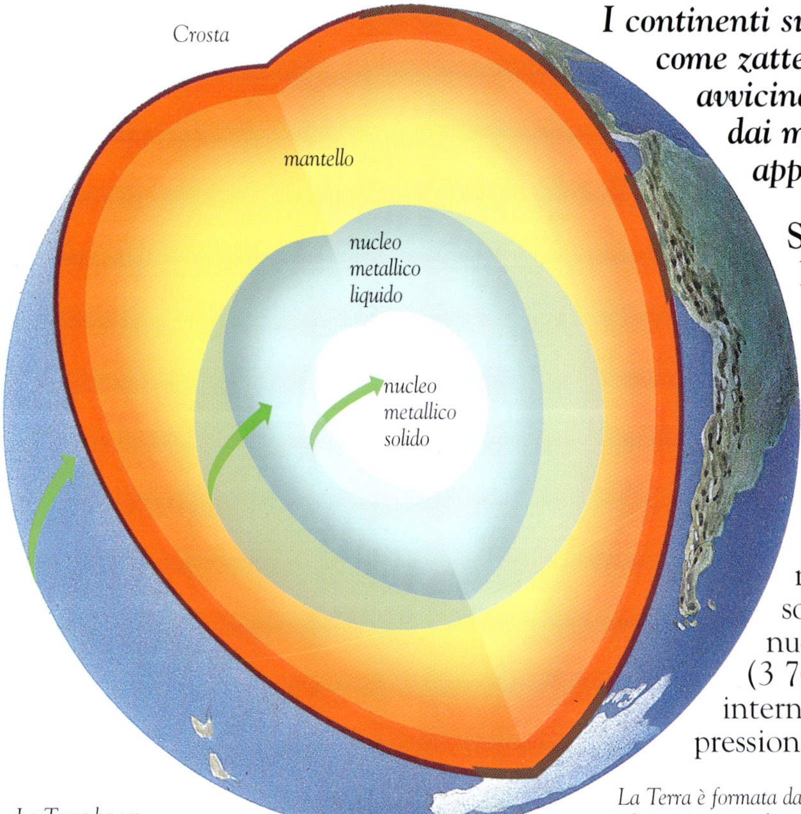

I continenti sui quali vivono gli uomini sono come zattere alla deriva. Si allontanano o si avvicinano gli uni agli altri trasportati dai movimenti delle zolle su cui sono appoggiati.

Strati concentrici

La Terra è formata da parecchi strati concentrici. Partendo dalla superficie, troviamo dapprima uno strato duro, la crosta, che ha uno spessore di circa 40 km sotto i continenti e 10 km sotto gli oceani. Viene poi il mantello, in parte allo stato fuso, che ha uno spessore di 3 000 km. Infine, al centro, si nasconde il nucleo, costituito soprattutto di ferro e di nickel. Il nucleo è liquido e caldissimo (3 700°C circa), ma la sua parte più interna è solida a causa della spaventosa pressione a cui è sottoposta.

La Terra ha un diametro di circa 12 000 km.

La Terra è formata da una crosta rocciosa e da uno spesso mantello solido. Naturalmente nessuno ha potuto verificare ciò di persona. Comunque, il nucleo del nostro pianeta è ancora molto caldo.

Una catena di montagne come quella delle Ande si forma quando una zolla oceanica si infila sotto una zolla continentale.

La spinta del magma (le rocce fuse che si trovano nelle profondità del pianeta) solleva montagne sottomarine.

Una catena di montagne come l'Himalaya si forma quando due zolle continentali entrano in collisione fra loro.

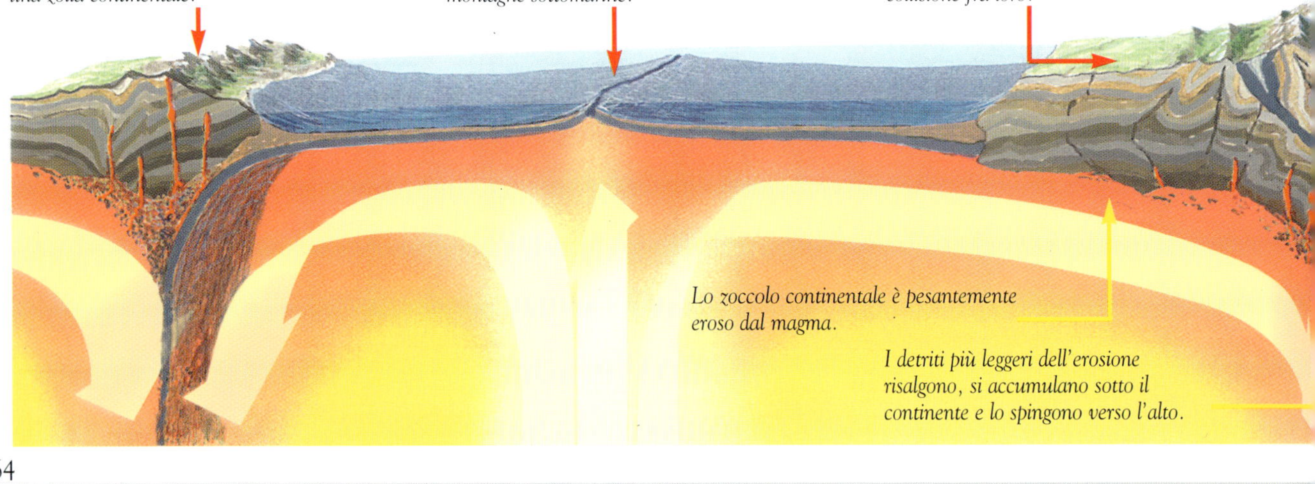

Lo zoccolo continentale è pesantemente eroso dal magma.

I detriti più leggeri dell'erosione risalgono, si accumulano sotto il continente e lo spingono verso l'alto.

della Terra

Tutti gli oceani della Terra sono percorsi da lunghe catene di montagne sottomarine. Queste "dorsali" segnano il confine tra due zolle oceaniche che si allontanano l'una dall'altra. Lì si forma il fondo oceanico che poi scomparirà nelle zone di subduzione.

Nastri trasportatori

La crosta galleggia sul mantello, continuamente in movimento perché le sue rocce, riscaldate dal nucleo, si fondono, risalgono, poi si raffreddano e scendono di nuovo (anche in questo caso si tratta di movimenti di convezione). Ora la crosta è suddivisa in una decina di zolle, che sono trascinate dai movimenti del mantello come se si trovassero su nastri trasportatori.

Il volto della Terra

Le zolle che portano i continenti si chiamano continentali. Quelle che sostengono gli oceani si chiamano oceaniche. Sono i movimenti di queste zolle che modificano continuamente il volto della Terra. Così, in certi punti del globo, chiamati zone di subduzione, due zolle sprofondano una sotto l'altra dando origine a grandi fosse sottomarine, a catene di vulcani o di montagne. In altri punti, due zolle possono allontanarsi l'una dall'altra o, al contrario, entrare in collisione. Anche da questo urto nascono catene di montagne. I paesaggi vengono poi rimodellati dall'erosione dovuta all'acqua e all'attività dell'atmosfera.

Una dorsale continentale: questo continente tormentato si spezzerà e qui si formerà un nuovo oceano che continuerà a ingrandirsi.

La serie di isole vulcaniche che costituiscono l'arcipelago del Giappone si è formata al di sopra di una zona di subduzione

Nelle zone di subduzione una zolla oceanica sprofonda sotto una zolla continentale creando fosse e vulcani.

Il campo

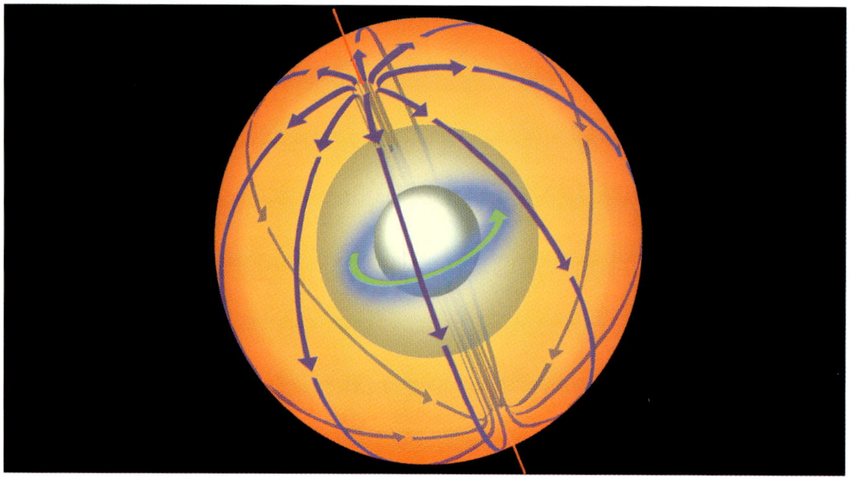

A causa del suo nucleo di ferro, la Terra si comporta come una gigantesca calamita. Crea intorno a sé un potente campo magnetico, ed è una fortuna: senza questo campo magnetico non saremmo realmente protetti dalle aggressioni del Sole e in particolare dalle particelle del terribile vento solare.

Da una parte e dall'altra delle dorsali oceaniche, le rocce sottomarine presentano inversioni di magnetizzazione: le zone scure sono magnetizzate con direzione sud-nord e quelle chiare nord-sud.

Un'altra dinamo

Il campo magnetico della Terra è creato dai movimenti di rotazione del suo nucleo metallico. Anche qui, come per il Sole, si crea l'effetto dinamo. Ma gli scienziati si chiedono ancora quale sia il vero responsabile: il nucleo fluido, liquido o il nucleo solido che si trova all'interno del primo? O tutti e due?

Sembra che sia il nucleo solido che, isolato nel suo bagno di metallo liquido, ruota a una velocità diversa dal resto: ciò produrrebbe una corrente elettrica che circola a forma di anello intorno al nucleo solido creando un campo magnetico.

Una bussola... scombussolata

Ogni calamita ha un polo nord e un polo sud. Sulla Terra, è facile trovare la direzione del nord magnetico: è quella indicata dalla bussola. Ma in certe zone vulcaniche del globo, come per esempio nel Massiccio Centrale in Francia, la bussola indica il sud dove dovrebbe indicare il nord!
Ciò dimostra che il campo

Le fasce di Van Allen circondano la Terra. Sono state scoperte dai satelliti americani Explorer nel 1958. Contengono elementi fortemente radioattivi intrappolati dal campo magnetico terrestre.

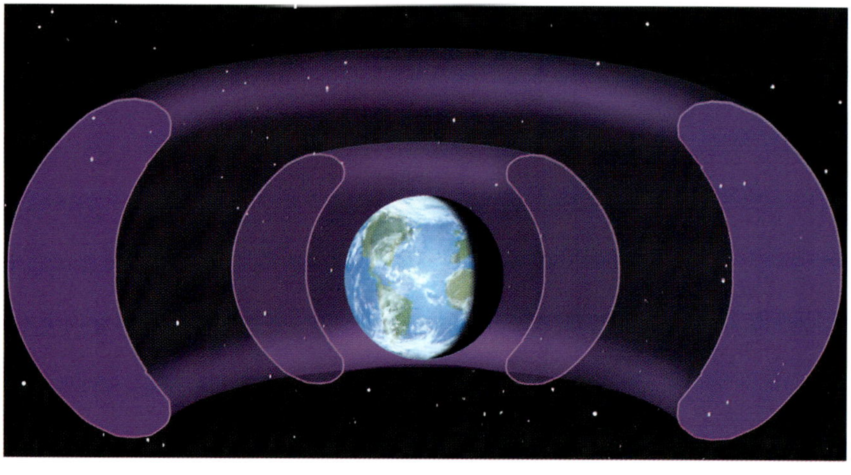

magnetico terrestre

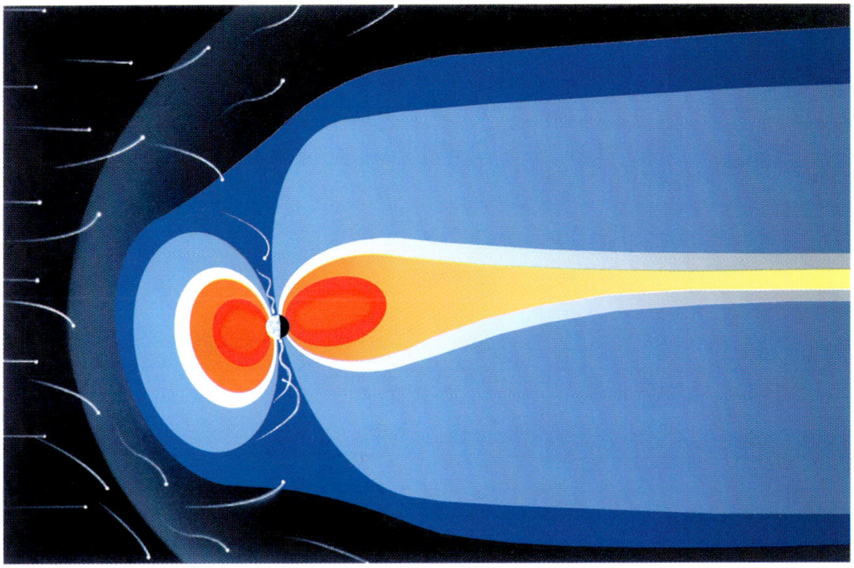

Il campo magnetico terrestre si estende lontano nello spazio e la forma di mela che dovrebbe avere è completamente alterata dalla spinta del vento solare. L'involucro che disegna si chiama magnetosfera e serve come scudo per gli esseri viventi, poiché devia il vento di particelle pericolose emesse dal Sole. Ma alcune di queste particelle si riversano nell'atmosfera seguendo le linee di campo magnetico che passano per i poli. Urtando gli atomi e le molecole dell'atmosfera, catturano degli elettroni. Gli atomi e le molecole reagiscono emettendo una luce colorata, che dà origine a splendide aurore che sembrano cadere dal cielo come grandi cortine di luce iridata.

Inversioni pericolose

Perché il campo magnetico della Terra si inverte? Gli scienziati stanno ancora studiando il problema. Gli strati di metallo liquido più vicini al nucleo solido, trascinati da questo nella sua rotazione, potrebbero incominciare a ruotare più velocemente di lui e ciò causerebbe il capovolgimento della circolazione delle correnti elettriche. Ma anche il Sole potrebbe avere un ruolo in tutto ciò: le sue collere memorabili potrebbero creare intense correnti elettriche capaci di ostacolare o di amplificare l'azione della dinamo terrestre, che è un meccanismo molto delicato. In ogni caso, durante le inversioni di campo magnetico, la Terra e i suoi abitanti non sono più protetti dal vento solare.

magnetico della Terra si è capovolto in passato: il polo nord è diventato polo sud e viceversa. All'epoca in cui ciò è accaduto, le rocce vulcaniche si raffreddavano lentamente e le loro particelle si sono solidificate mantenendo l'orientamento del campo magnetico di allora. Campioni di rocce prelevate nel fondo degli oceani hanno confermato che il campo magnetico si è invertito più volte nel corso della storia della Terra.

Se le aurore boreali e australi si manifestano di solito nel cielo delle regioni polari, possono, quando il vento solare è abbastanza violento, essere visibili anche alle nostre latitudini! Durante queste aurore gli Eschimesi pensano che gli spiriti degli antenati vengano a far loro visita.

La Luna

Unico satellite della Terra, la Luna accende da sempre l'immaginazione degli uomini. E da sempre ci protegge...

Selene

In quasi tutte le civiltà, la Luna è un simbolo femminile la cui dolce luce si oppone a quella bruciante del Sole. A lungo gli uomini hanno visto, nelle sue zone scure, "mari" nei quali avrebbero navigato i Seleniti, gli abitanti di Selene, nome greco della Luna.

La Luna gravita in media a 38 440 km dalla Terra. Ha un diametro di 3 500 km (cioè un quarto di quello della Terra) e una massa uguale a un decimo di quella del nostro pianeta. La Luna è formata da una crosta di 70 km di spessore, sotto cui si trova un mantello di rocce. Questo mantello è molto rigido in superficie e diventa sempre più vischioso verso il centro. Forse contiene un piccolo nucleo di ferro.

All'assalto!

Molto presto gli uomini hanno sentito il desiderio di andare a vedere questo mondo vicino. Nel secolo XVII, Cirano di Bergérac immaginò di fare questo viaggio su un pallone pieno di rugiada del mattino, che il calore del Sole avrebbe fatto decollare! Più vicino a noi, Giulio Verne scrisse il romanzo *Dalla Terra alla Luna*, i cui eroi partono a bordo di un obice lanciato da un cannone situato vicinissimo al luogo che oggi si chiama Cape Kennedy. Quanto a Hergé, vi inviò Tintin in *Abbiamo camminato sulla Luna* e lassù gli fece anche scoprire dell'acqua gelata, il che è stato recentemente confermato. Tutti questi sogni divennero realtà il 21 luglio 1969, con il primo passo di Neil Armstrong sulla polvere lunare.

Valzer a due

La Terra e la Luna sono lanciate in un grande valzer a

compagna della Terra

due, orchestrato dalla gravitazione, nel quale il Sole svolge una parte attiva. La nostra stella, infatti, esercita una forza d'attrazione sulle due "ballerine" e si comporta come qualcuno che spinge leggermente un'altalena ogni volta che questa gli passa davanti. Di conseguenza, strattonata tra la Luna e il Sole, la Terra rallenta la rotazione su se stessa. E contemporaneamente, la Luna si allontana dalla Terra circa 3 cm l'anno. Un giorno,

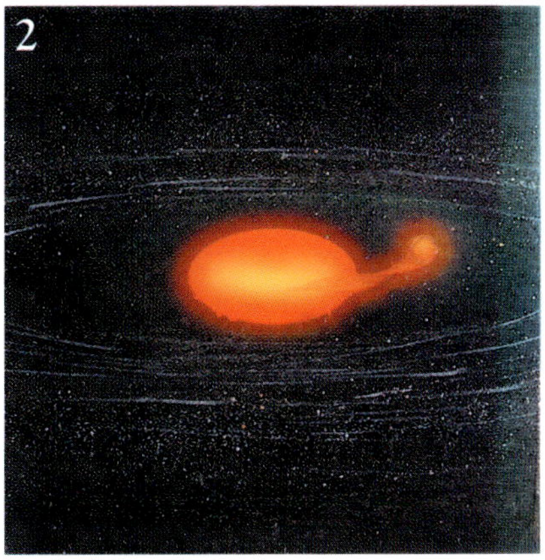

ci abbandonerà!

Uno scudo per la Terra

Come testimoniano i crateri meteorici d'impatto che ne sfigurano la superficie, la Luna è stata colpita da innumerevoli bolidi venuti dallo spazio. E in realtà li ha deviati: senza il suo intervento, molti meteoriti non avrebbero risparmiato la Terra!

La nascita della Luna

Vecchia di oltre 4,5 miliardi di anni, la Luna è contemporanea dell'infanzia della Terra. Ma come si è formata? Per molto tempo, parecchie teorie si sono contrapposte. Secondo la prima, la Terra e la Luna sarebbero nate a partire dallo stesso corpo, all'epoca della formazione dei pianeti. Questo corpo avrebbe ruotato troppo velocemente su se stesso e si sarebbe diviso in due parti: Terra e Luna (1 e 2).
Una seconda teoria afferma invece che la Luna si sarebbe formata un po' più lontano e sarebbe stata catturata dalla Terra (3).
Ma la teoria più probabile è quella della collisione della giovanissima Terra con un bolide enorme venuto dallo spazio (4). Tale collisione avrebbe polverizzato una parte della crosta e del mantello terrestri e questa materia avrebbe formato un anello di detriti intorno al nostro pianeta. I detriti si sarebbero progressivamente agglomerati dando origine alla Luna.

Un deserto

È ben lontano il tempo in cui si credeva che la Luna fosse abitata! Le missioni spaziali hanno rivelato invece un astro spento da molto tempo, coperto qui da grandi pianure vulcaniche, là da una grande quantità di crateri di ogni dimensione, e dappertutto da uno spesso strato di polvere.

La faccia nascosta
La Luna impiega esattamente lo stesso tempo (27 giorni, 7 ore e 43 minuti) a compiere un giro su se stessa e a completare un'orbita intorno alla Terra. Risultato: essa presenta alla Terra sempre la stessa faccia. Si dovette attendere l'ottobre 1959 perché una sonda sovietica, Luna 3, ci inviasse per la prima volta le immagini della faccia nascosta della Luna.

Mistero, mistero!
La faccia nascosta era molto diversa dalla faccia visibile, era ancor più costellata di crateri e non aveva "mari", le macchie scure che segnano la faccia nota della Luna. Solo scoprendo che la crosta della faccia visibile era meno spessa

La Luna come doveva apparire circa 3,9 miliardi di anni fa. Era già stata colpita da grossi meteoriti.

Circa 3 miliardi di anni fa, una grande quantità di lava si è aperta un varco nella crosta più sottile della faccia visibile.

Dopo il loro raffreddamento, anche i "mari" della Luna sono stati colpiti da piccoli meteoriti.

tutto grigio

di quella del lato nascosto, gli astronomi riuscirono a risolvere questo mistero.

Risalite di lava
Subito dopo la sua formazione, anche la Luna ha subito una violenta pioggia di bolidi che hanno scavato grandi crateri sulla sua superficie. Anche la crosta meno spessa della faccia visibile deve essere stata colpita a quel tempo. Infatti qualche tempo dopo il magma è riuscito facilmente a risalire dalle profondità. (All'epoca la Luna era abbastanza calda perché il suo interno fosse fluido, cosa che non è più oggi). La lava ha così riempito i grandi crateri e formato i "mari" scuri della faccia che noi vediamo. La faccia nascosta, invece, ha resistito meglio.

Polvere
La Luna non possiede atmosfera e i meteoriti continuano ad abbattersi sulla sua superficie. I detriti del loro impatto ricoprono il suolo sotto forma di uno strato di polveri finissime che, a tratti, raggiungono lo spessore di una quindicina di centimetri.

Il Bacino orientale, che ha un diametro di 900 km, è uno dei giganteschi crateri che testimoniano la violenza del bombardamento subito dalla Luna circa 4 miliardi di anni fa.

Marte, i

Marte ha una massa 10 volte inferiore a quella della Terra e il suo diametro, 6 800 km, è praticamente la metà di quello del nostro pianeta. Marte possiede due piccoli satelliti, Phobos e Deimos, scoperti nel 1877.

Il quarto pianeta del sistema solare porta il nome del dio romano della guerra, Marte, perché gli Antichi chiamavano terre di Marte le terre rosse da cui estraevano il ferro che serviva per le armi da guerra. Senza saperlo, avevano visto giusto, infatti Marte deve il suo colore alle rocce ricchissime di ossido di ferro.

Attenti ai Marziani!

Alla fine del XIX secolo, molti astronomi credevano che le variazioni stagionali di colore che vedevano su Marte fossero dovute alla presenza di vegetazione. Nessuno si stupì perciò quando un astronomo americano, Percival Lowell, disegnò le carte topografiche di Marte con canali di irrigazione artificiali, che avrebbero trasportato l' acqua dalle calotte polari verso le regioni tropicali. Una civiltà capace di dominare così il proprio pianeta non poteva che essere molto superiore alla nostra!

Fantascienza!

I canali esistevano solamente nell'immaginazione degli astronomi, ma la moda dei Marziani era ormai lanciata. E sarebbe durata a lungo. Nel 1898, Herbert George Wells scrisse un romanzo. *La Guerra dei mondi*, in cui invincibili Marziani con tre piedi, armati di fasci luminosi distruttori, invadevano la Terra ed erano

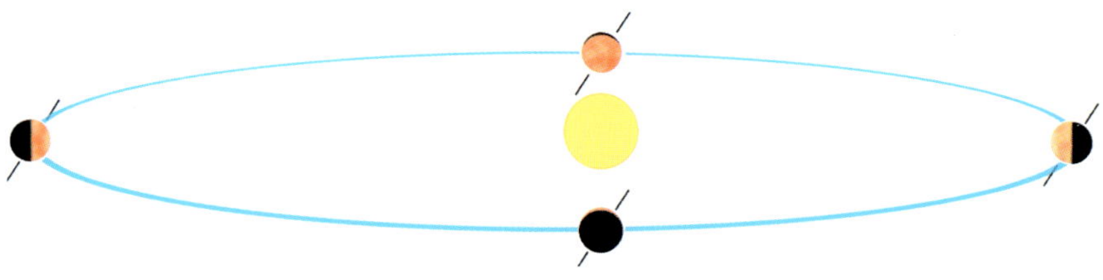

L'inclinazione di Marte sulla propria orbita è quasi identica a quella della Terra. Di conseguenza, anche su Marte esistono le stagioni, durante le quali si possono vedere le calotte polari che avanzano e poi regrediscono. Oggi sappiamo che le variazioni di colore della superficie del pianeta sono dovute soprattutto ai venti violenti che vi soffiano.

pianeta rosso

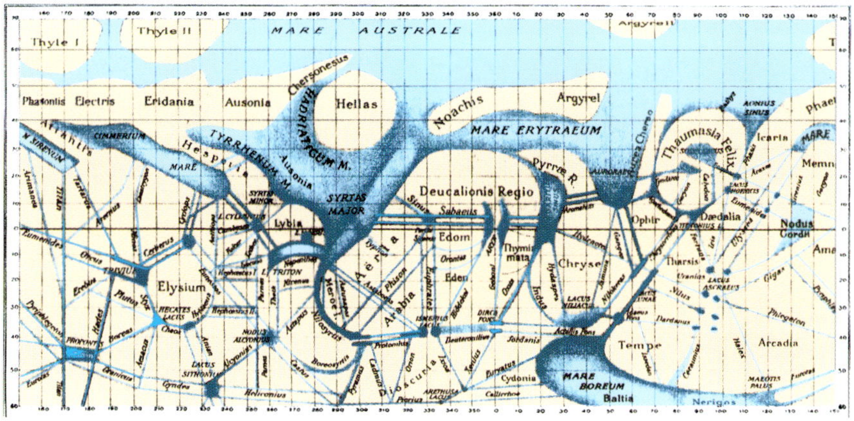

Carta dei canali di Marte, disegnata alla fine del XIX secolo. Benché immaginari, questi canali sono stati visti da molti astronomi.

visto strane forme che assomigliano a letti di fiumi inariditi. Sembra perciò che, in un lontano passato, ci sia stata un atmosfera tale da consentire all'acqua di scorrere su Marte! Ora, l'acqua è un elemento essenziale per la vita... È dunque possibile immaginare che forme di vita molto primitive (batteri) siano comparse su Marte un giorno.

alla fine annientati... dai microbi!
Nel 1938, un cineasta americano, Orson Welles, scatenò un panico immenso negli Stati Uniti con una trasmissione radio in cui faceva la cronaca dello sbarco dei Marziani!

E oggi?
Con la sua atmosfera molto rarefatta, il pianeta rosso non ha praticamente nessuna possibilità di ospitare la vita oggi. Ma le diverse sonde che lo hanno sorvolato, o che si sono posate sulla sua superficie, vi hanno

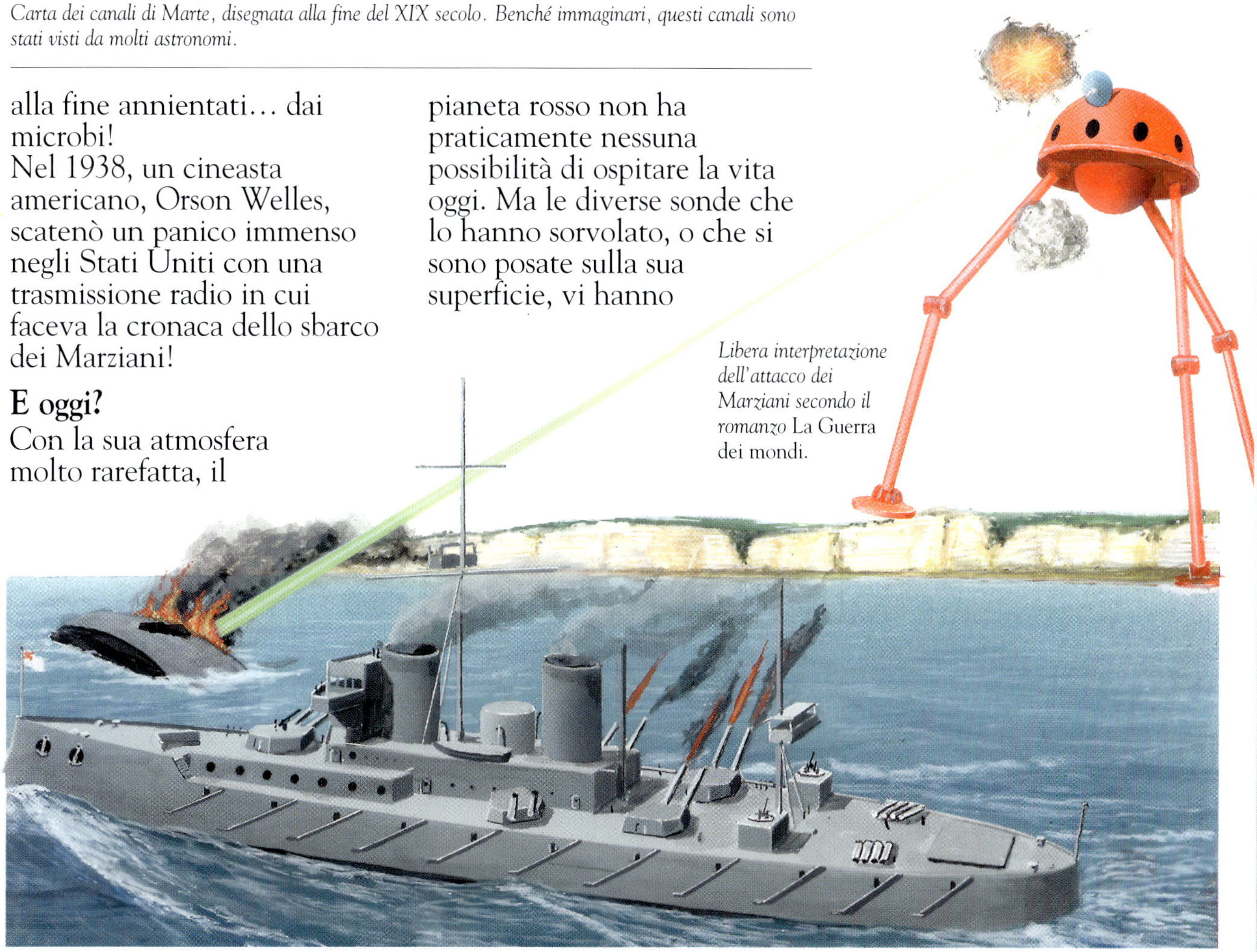

Libera interpretazione dell'attacco dei Marziani secondo il romanzo La Guerra dei mondi.

I paesaggi

Le calotte polari di Marte sono formate da un miscuglio di ghiaccio, acqua e neve carbonica.

Dopo la Luna, Marte è il pianeta più visitato del sistema solare. Certo, nessun uomo ha messo piede sul suo suolo. Le sonde che lo hanno studiato da vicino o da lontano ci hanno inviato l'immagine di un immenso deserto di sassi, sferzato dai venti.

Dove è finita l'acqua?

In passato l'acqua scorreva in abbondanza su Marte, ma dove è finita? Gli astronomi pensano che il pianeta abbia subito un riscaldamento che ha distrutto gran parte della sua atmosfera di allora. Il clima si è raffreddato e l'acqua allo stato liquido si è trasformata in ghiaccio, poi in vapore. Leggerissimo, l'idrogeno contenuto nell'acqua è fuggito per primo verso lo spazio. L'altro elemento che compone l'acqua, l'ossigeno, ne ha approfittato per "arrugginire" (ossidare) il ferro contenuto nel suolo e dare a Marte il caratteristico colore rosso. Oggi, la sola acqua visibile è quella che, sotto forma di ghiaccio, si trova nelle calotte polari del pianeta. Ma gli astronomi pensano che grandi quantità si nascondano anche, sempre sotto forma di ghiaccio, nel sottosuolo marziano.

È possibile respirare su Marte?

L'attuale atmosfera di Marte è 100 volte meno densa di quella della Terra. Ma è molto attiva e percorsa frequentemente da venti che soffiano a 200 km l'ora, sollevando e trascinando con sé una polvere finissima e cristalli di ghiaccio che erodono lentamente i rilievi. Per noi questa atmosfera non è respirabile perché è composta per la maggior parte di anidride carbonica, ma potrebbe essere adatta a certe piante terrestri di alta montagna.

marziani

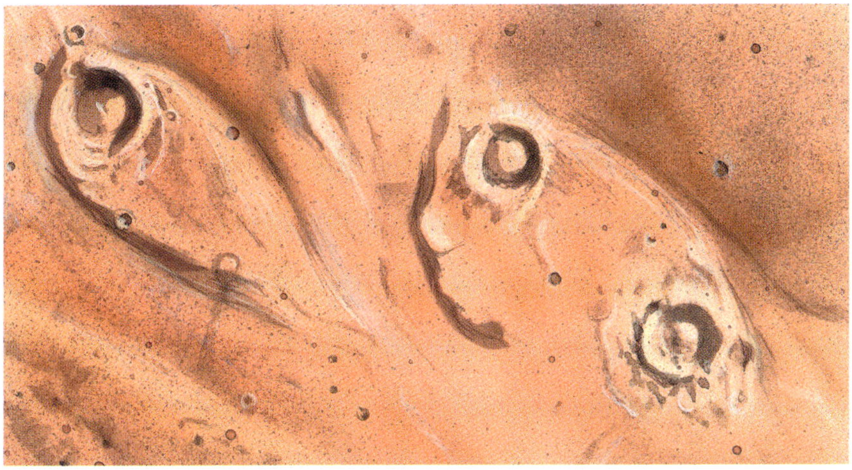

La polvere finissima e i cristalli di ghiaccio sollevati da venti di 200 km/h finiscono per smussare e limare i rilievi dei paesaggi marziani.

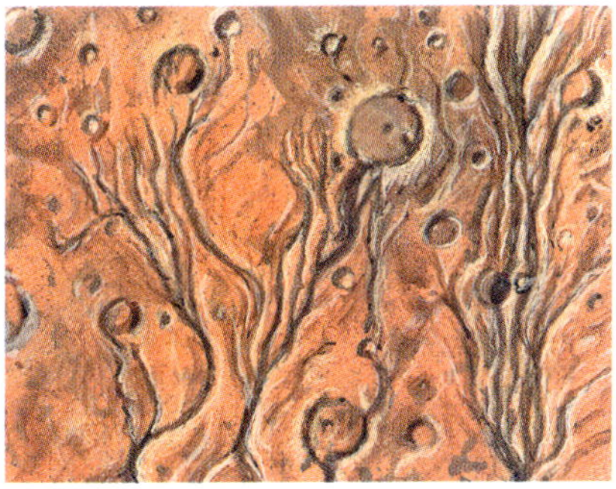

In certe regioni, i crateri d'impatto meteorico sono situati sul letto dei corsi d'acqua.

Vulcani giganti

Se anche Marte ha conosciuto, in gioventù, un forte bombardamento di meteoriti, molti crateri di impatto sono stati cancellati dall'erosione del vento e dall'attività vulcanica. Enormi colate di lava hanno perforato la spessa crosta e ricoperto le pianure. Qua e là si sono diffuse a strati successivi formando vulcani alti più di 25 km con una base di 200 km di diametro. Sono i vulcani più grandi di tutto il sistema solare!

Canyon vertiginosi

In alcuni punti il suolo ha ceduto aprendo grandi faglie, come il canyon di Valles Marineris. Questo fossato di sfondamento è profondo 5 km, largo 200 km e si estende per una lunghezza di 5 000 km! A volte vi precipitano vere e proprie valanghe di rocce e i sassi percorrono tanto velocemente gli alti fianchi del canyon che si fermano solo dopo aver incominciato a risalire il fianco opposto e riempiono tutto il canyon di una polvere molto fine.

Asteroid

Sarebbe stato normale che un altro pianeta gravitasse tra le orbite di Marte e di Giove. Ma l'influenza esercitata da Giove è stata così forte che questo pianeta non è mai riuscito a formarsi. Al suo posto si trova una cintura di piccoli corpi celesti chiamati asteroidi.

Piccoli frammenti

Gli asteroidi sono piccoli frammenti nati all'epoca in cui si sono formati i pianeti. Non sono mai riusciti ad agglomerarsi a causa dell'eccessiva vicinanza dell'imponente Giove. Sono perciò rimasti in orbita tra quest'ultimo e Marte in un grande anello, la cintura di asteroidi. Ne conosciamo poco meno di 20 000, ma gli astronomi pensano che siano in realtà milioni. Il più grande (e il primo ad essere scoperto nel 1801), Cerere, misura 900 km di diametro. I più piccoli non sono neppure grandi come un sasso…

Il grande tuffo

La maggior parte degli asteroidi gravita tranquillamente nella cintura. Succede però che uno di essi abbandoni bruscamente la propria orbita per tuffarsi verso Marte, la Luna o la Terra. Marte, che si trova vicino alla cintura, è stato colpito a più riprese dai meteoriti.

Le stelle filanti

I corpi celesti (che si tratti di

Scavato dalla caduta di un grosso meteorite, il Cratere Meteorico, in Arizona, ha un diametro di 1 200 m. È uno dei rari crateri d'impatto ancora visibili sulla superficie terrestre (molti sono stati cancellati dall'erosione).

e meteoriti

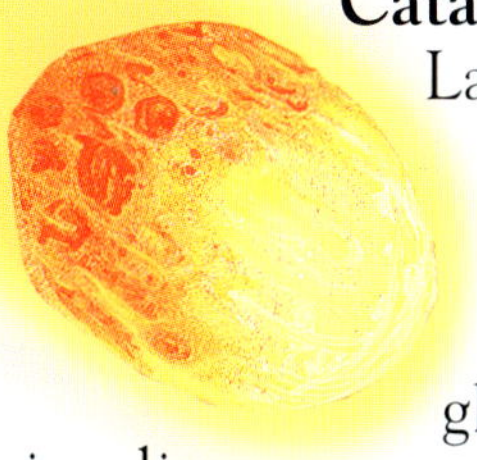

asteroidi o di comete) che cadono su un pianeta si chiamano meteoriti. Decine di migliaia di piccoli meteoriti piombano tutti gli anni nell'atmosfera terrestre. La maggior parte si incendia e brucia, lasciando nel cielo una scia lucente ed effimera: una stella filante. Ma che cosa succederebbe se un meteorite di 10 km di diametro colpisse la Terra?

Catastrofe!

La collisione provocherebbe un'onda dilagante alta 3 km che spazzerebbe tutto il globo. Solleverebbe enormi quantità di vapore e di polvere e l'atmosfera ne sarebbe oscurata per anni, il che farebbe crollare la temperatura… Urti di questo genere, più potenti di decine di bombe termonucleari, potrebbero spiegare le improvvise estinzioni di specie animali che si sono verificate nel passato – come quella dei dinosauri, 65 milioni di anni fa.

Giove

Il gigante dei giganti

L'imponente Giove è due volte più pesante di tutti gli altri pianeti del sistema solare messi insieme Questo gigante gassoso, composto essenzialmente di idrogeno e di un po' di elio, possiede un'atmosfera di 8 500 km di spessore. Essa deve le sue sfumature rosse, brune o beige alla presenza, in piccolissima quantità, di altri composti come il metano o l'ammoniaca, che formano nubi a diverse altezze.

Venti e strisce

Giove ruota su se stesso in poco meno di dieci ore; questa rapida rotazione dà origine a venti che soffiano a più di 500 km l'ora all'altezza dell'equatore e la cui forza diminuisce man mano si sale verso i poli. La rotazione di Giove stira anche le

Giove gravita a 780 milioni di chilometri dal Sole, percorrendo un'orbita in poco meno di 12 anni. Il suo diametro è uguale a 11 volte quello della Terra e la sua massa è 320 volte quella del nostro pianeta.

Nel 1610, Galileo fu il primo ad osservare a lungo Giove con l'aiuto di un cannocchiale astronomico che si era fatto costruire. Scoprì così le strisce orizzontali e la grande macchia rossa del pianeta, come pure i suoi quattro principali satelliti.

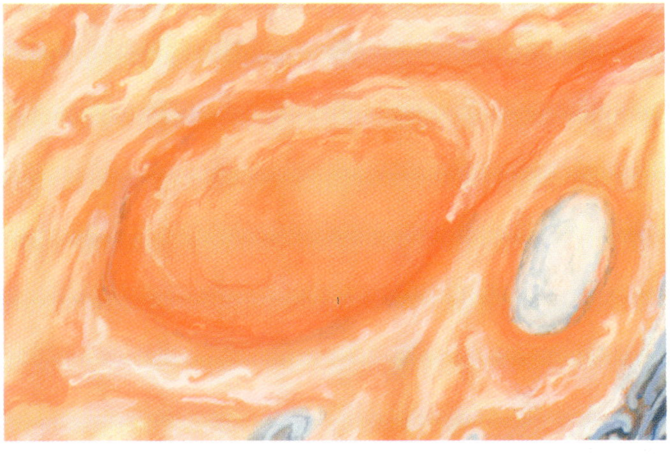

La grande macchia rossa è un gigantesco anticiclone osservato da più di tre secoli e mezzo. La sua trasparenza permette di vedere un altro strato d'atmosfera più bassa, di composizione e di colore diversi. La persistenza della grande macchia non ci deve stupire tanto: sulla Terra, conosciamo bene, grazie ai bollettini meteorologici, l'anticiclone delle Azzorre che è pure un fenomeno permanente e i cui spostamenti determinano il tempo dell'Europa.

dall'occhio rosso

Nel dicembre 1995, la sonda Galileo ha lanciato un modulo nell'atmosfera di Giove.

nubi in strisce parallele all'equatore. Le strisce sembrano alternativamente scure o lucenti secondo la loro altezza.

La grande macchia rossa

I confini che separano le diverse strisce sono estremamente turbolenti. Sono la sede di cicloni o di anticicloni giganteschi, come la grande macchia rossa, che è osservata da più di tre secoli e mezzo.

Un oceano di idrogeno?

A 8 500 km di profondità si trovano una pressione enorme e una temperatura impressionante (10 000 gradi). In queste situazioni estreme, l'idrogeno non è più sotto forma di gas, ma è liquido e forma senza dubbio un gigantesco oceano percorso da onde alte parecchi chilometri che fanno continuamente il giro del pianeta. Più giù, la pressione e la temperatura aumentano ancora e l'idrogeno passa (gradualmente o bruscamente, non si sa bene) dallo stato liquido allo stato solido, metallico.

Un nucleo molto caldo

A 57 000 km di profondità, si nasconderebbe un nucleo di rocce e di ghiacci. Questo nucleo avrebbe un diametro e una massa doppi di quelli della Terra e soprattutto sarebbe estremamente caldo poiché raggiungerebbe la temperatura di 30 000 gradi.
Gli astronomi si stanno ancora interrogando sull'origine di questo calore interno. È forse ciò che rimane dell'enorme calore che era presente al tempo in cui Giove si è formato?
Molti scienziati pensano in realtà che esso provenga dalla migrazione dell'elio, più pesante dell'idrogeno, verso il centro del pianeta. In ogni caso, Giove emette un calore una volta e mezzo più forte di quello che riceve dal Sole.

La magnetosfera di Giove è 150 volte più estesa di quella della Terra.

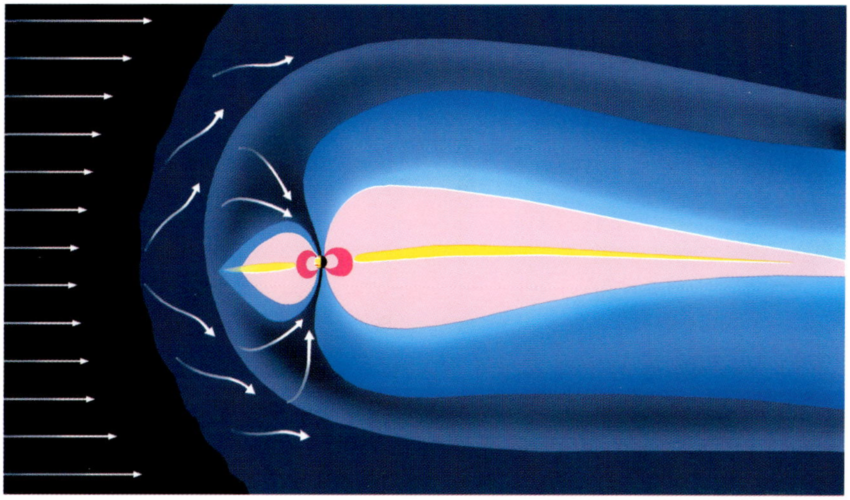

I satelliti

Giove possiede un sistema di anelli così sottili e discreti da essere visibili solo in controluce. Un corteo di non meno di 16 satelliti lo accompagna nella sua danza. Questo gigante gassoso e tutta la sua famigliola sembrano davvero un sistema solare in miniatura.

I satelliti galileiani

È stato Galileo a scoprire i quattro grandi satelliti di Giove: Io, Europa, Ganimede e Callisto, chiamati anche satelliti galileiani in omaggio al loro scopritore.

Il fatto che questo pianeta avesse dei satelliti era la prova evidente che non tutti gli astri ruotavano intorno alla Terra e che questa non era forzatamente il centro dell'Universo, come si credeva all'epoca. Questa scoperta contribuì a collocare il Sole al posto giusto, al centro del sistema solare.

Mondi molto diversi

Benché ruotino intorno allo stesso pianeta, questi quattro satelliti presentano aspetti molto diversi. Europa è ricoperto di uno spesso strato

Callisto
Diametro: 4 800 km
Distanza da Giove: 1 880 000 km
Composizione della superficie: ghiaccio e polveri

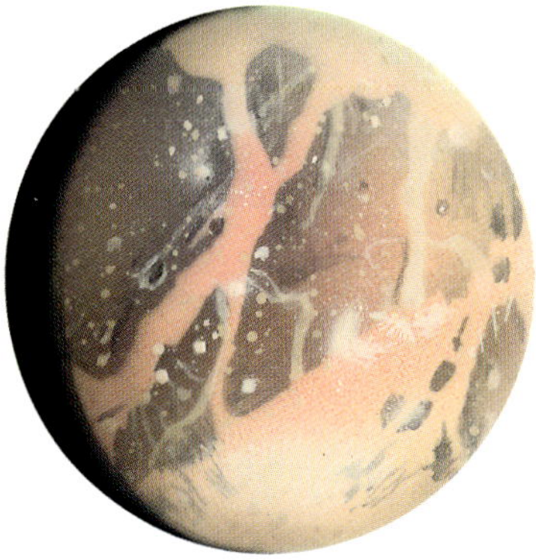

Ganimede
Diametro: 5 300 km
Distanza da Giove: 1 070 000 km
Composizione della superficie: ghiaccio e polveri

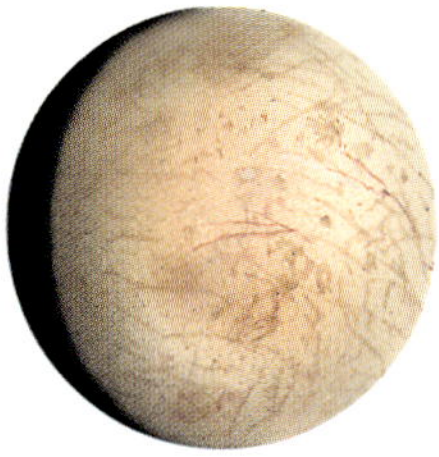

Europa
Diametro: 3 100 km
Distanza da Giove: 600 000 km
Composizione della superficie: ghiaccio

Io
Diametro: 3 600 km
Distanza da Giove: 420 000 km
Composizione della superficie: zolfo e composti solforati

di Giove

Io si muove in un anello di gas caldissimo. Questo gas è stato emesso dai suoi vulcani ma è mantenuto intorno al satellite dal fortissimo campo magnetico di Giove. La sfera rossa rappresenta la frontiera fatidica (il "limite di Roche") che Io attraverserà fra qualche milione d'anni e che lo distruggerà.

di ghiaccio, tutto screpolato. Sotto il ghiaccio potrebbe esserci un oceano d'acqua. La superficie di Callisto e di Ganimede deve i suoi colori a un miscuglio di ghiaccio e di polveri. Callisto mostra inoltre tutti i segni di un intenso bombardamento di meteoriti: la sua superficie è costellata di crateri.

Un mondo in agonia

Quanto a Io, che dei quattro satelliti è il più vicino a Giove, fa una vita da martire! È attualmente sede di un intenso vulcanismo: la sua superficie è continuamente rimodellata da colate di lava e coperta di vulcani che lanciano a 200 km di altezza veri e propri geyser di gas e di composti a base di zolfo. Le sue viscere sono in continua ebollizione! È la presenza di Giove, molto vicino, che spiega questa strana attività vulcanica: Io è deformato dalle forze di attrazione gravitazionale del pianeta madre al quale continua ad avvicinarsi.

Futuri anelli

Verrà un giorno in cui Io oltrepasserà la fatidica frontiera che gli astronomi chiamano "limite di Roche" di Giove: è la zona in cui la forza d'attrazione del pianeta riesce a frantumare in piccoli pezzi ogni oggetto che vi penetra. Io verrà allora distrutto e i suoi frammenti formeranno intorno a Giove degli anelli che non avranno nulla da invidiare a quelli di Saturno.

La superficie di Io è colorata dai diversi composti solforati emessi dai suoi vulcani. Gli astronomi hanno soprannominato questo satellite "la pizza".

Saturno, il gigante

Saturno non è il pianeta più grande del sistema solare, poiché Giove gli soffia il primato. Ma è forse il più maestoso. Ha un magnifico sistema di anelli, e una corte di non meno di 18 satelliti di grandezza diversa lo scorta nella sua lenta danza intorno al Sole.

Il fratello di Giove

Anche se la sua massa è un terzo di quella di Giove, Saturno ha molti punti in comune con il fratello maggiore. Come lui è un gigante gassoso, composto soprattutto di idrogeno e di elio, e dotato di una densa atmosfera che nasconderebbe un oceano di idrogeno, liquido prima e poi metallico all'interno. Come Giove, possiede una fonte interna di calore di cui non abbiamo ancora la spiegazione.
Saturno ruota su se stesso a una velocità quasi uguale a quella di Giove, in dieci ore e un quarto, e questa rotazione stira le formazioni nuvolose in bande colorate parallele all'equatore.

Un'orbita eccentrica

Saturno ha una traiettoria eccentrica, cioè abbastanza allungata e, quando si trova nel punto più vicino al Sole, nella sua atmosfera si scatenano fantastiche tempeste durante le quali i venti soffiano a più di 2 000 km l'ora! Tali tempeste hanno luogo ogni trent'anni circa, che è la durata di un anno su Saturno (cioè il tempo che il pianeta impiega a concludere un'orbita intorno al Sole).

Straordinariamente sottili

Ma Saturno si distingue da

con gli anelli

Giove per il suo scintillante sistema di anelli, che Galileo scoprì nel 1610 con il suo cannocchiale, ma che scambiò per due satelliti molto vicini al pianeta. Composti di frammenti di roccia e di finissime polveri ghiacciate, questi anelli sono straordinariamente sottili: si estendono su una superficie di 340 000 km di diametro ed hanno uno spessore inferiore a 1 km. Ridotti alle dimensioni di un campo di calcio, sarebbero più sottili della carta delle sigarette! Tuttavia la massa riunita degli anelli è abbastanza importante e corrisponde a quella di un piccolo pianeta.

Anelli e anellini

A prima vista, si notano sette anelli principali, separati da zone più o meno vuote e scure all'apparenza. Ma le sonde Voyager 1 e 2, che hanno sorvolato Saturno nel 1980-81, hanno rivelato che ognuno di questi anelli è composto in realtà da una miriade di "anellini" ben individuabili, che hanno contorni nettissimi e sono in continuo movimento. Questi anellini presentano trecce, ispessimenti e persino nodi.

E cani da guardia!

Negli spazi che separano gli anelli, o anche al loro interno, vi sono piccoli satelliti che sembrano avere il compito di mantenere l'ordine e di rimettere sulla giusta traiettoria le polveri e i sassolini che se ne allontanano. Sono chiamati i "cani da pastore" o i "guardiani" degli anelli.

Antichi o recenti?

Saturno possiede gli anelli più complessi, ma in realtà tutti i grandi pianeti ne sono dotati. Come e quando sono comparsi? Sono forse tutto ciò che rimane del disco di materia che ruotava intorno ai grandi pianeti durante la loro gioventù e nel quale si sono formati i satelliti? In questo caso gli anelli sarebbero molto antichi e sarebbe interessante trovare delle leggi che ci spieghino le differenze che esistono tra gli anelli dei quattro pianeti più grandi.
Ma gli anelli potrebbero anche essere costituiti dai frammenti di satelliti che si sono avvicinati un po' troppo al loro pianeta (superando il limite di Roche) e che si sono frantumati in mille pezzi. Ciò potrebbe essere successo "recentemente" (alcuni milioni di anni non sono nulla su scala cosmica!) e potrebbe anche accadere in futuro!

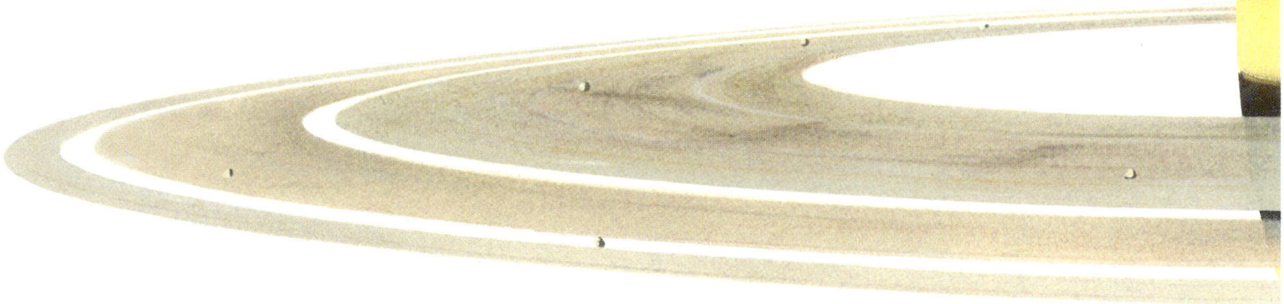

I satellit

Il piccolo mondo che gravita intorno a Saturno è meglio conosciuto dopo il passaggio delle sonde Voyager, nel 1980 e 1981. Ma nasconde ancora qualche mistero.

Una grande famiglia

Non meno di 18 satelliti gravitano intorno a Saturno. Ma una decina di essi (scoperti per la maggior parte da Voyager 1 nel 1980) assomigliano più a enormi ciottoli irregolari che a satelliti di pianeti! Soltanto 7 superano i 350 km di diametro e hanno l'aspetto di grosse sfere rocciose ricoperte di ghiaccio che presentano tutte molti crateri di impatto meteorico e a volte anche lunghe faglie che sfregiano la superficie. Appena riscaldati dalla debole luce del lontano Sole, sono astri molto freddi, ad eccezione di Encelado, che sembra aver conosciuto recentemente un'attività geologica inspiegabile. Quanto a Giapeto, è un pianeta stranamente bicolore: metà, o quasi, della sua superficie sembra ricoperta da una polvere scura come carbone.

Una piccola Terra fredda?

Ma è soprattutto il più grosso di questi satelliti, Titano, scoperto dall'olandese Christian Huygens nel 1655, che incuriosisce gli astronomi. La sua atmosfera ha una

Mimas
Diametro: 390 km
Distanza da Saturno: 188 000 km

Encelado
Diametro: 510 km
Distanza da Saturno: 240 000 km

Teti
Diametro: 1 050 km
Distanza da Saturno: 295 000 km

Dione
Diametro: 1 020 km
Distanza da Saturno: 370 000 km

Rea
Diametro: 1 530 km
Distanza da Saturno: 530 000 km

Titano
Diametro: 5 150 km
Distanza da Saturno: 1 220 000 km

Giapeto
Diametro: 1 460 km
Distanza da Saturno: 3 560 000 km

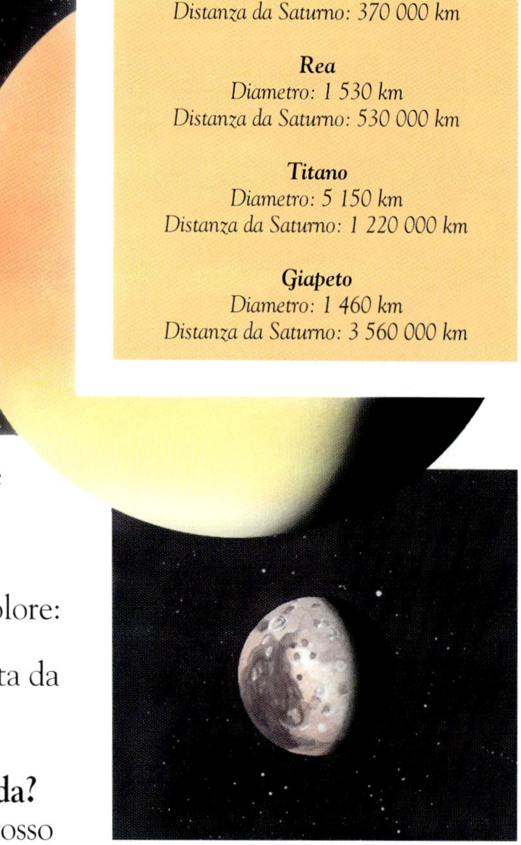

di Saturno

I paesaggi di Titano potrebbero assomigliare a quelli delle nostre regioni polari. Le onde degli scuri oceani di metano potrebbero graffiare la banchisa di acqua e metano, dura come roccia.

densità paragonabile a quella della Terra ed è anch'essa composta di una grande quantità di azoto. Un altro importante componente di Titano è il metano, che vi si trova probabilmente sotto forma di ghiaccio, di oceani e di nubi nell'atmosfera! Partita nel 1997, la missione Cassini dovrebbe arrivare nel 2004 nei pressi di Saturno. Là, lancerà su Titano una sonda, chiamata Huygens, che studierà quella strana superficie e dovrà anche stabilire se forme di vita primitiva si sono potute sviluppare in quell'universo così freddo: -180°C!

Urano

Urano
Diametro: 51 000 km
Massa: 14,5 volte quella della Terra
Distanza dal Sole: 2,7 miliardi di km
Durata di rivoluzione (intorno al Sole): 84 anni
Durata di rotazione (su se stesso): 17 ore

Questi due pianeti giganti, sconosciuti agli Antichi, sono quasi identici per grandezza, massa e composizione. Sono stati scoperti rispettivamente da William Herschel nel 1781 e da Urbain Le Verrier nel 1846.

Fratelli gemelli

Composti essenzialmente di idrogeno e di metano, questi pianeti possiedono nuclei rocciosi la cui temperatura rasenta i 7 000 gradi.

Anche osservato con i più potenti telescopi, Urano rivela solo un globo verde azzurro quasi senza particolari, avvolto in uno strato di foschia.

Un pianeta coricato

Presenta tuttavia una particolarità: è letteralmente coricato sulla sua traiettoria. Rotola come una palla sul piano della sua orbita che percorre in 84 anni (gli altri pianeti, invece, girano piuttosto come trottole, dato che il loro asse di rotazione è più o meno perpendicolare al piano dell'orbita).

Di conseguenza, ognuno dei due poli di Urano è rivolto verso il Sole per 42 anni di seguito! Le differenze di temperatura tra la faccia illuminata e quella in ombra creano una meteorologia molto strana.

Urano possiede un sistema di 9 anelli molto sottili e molto scuri, e un corteo di 15 satelliti. Ecco i cinque più grandi, che sono anche i più lontani dal pianeta. Poco più densi dell'acqua,devono essere formati da un nucleo roccioso ricoperto di ghiaccio e di polveri.

Miranda
Diametro: 480 km
Distanza da Urano: 130 000 km

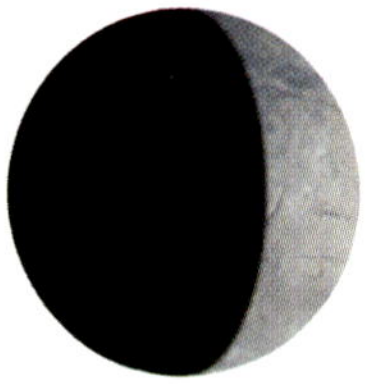

Ariel
Diametro: 1 100 km
Distanza da Urano: 190 000 km

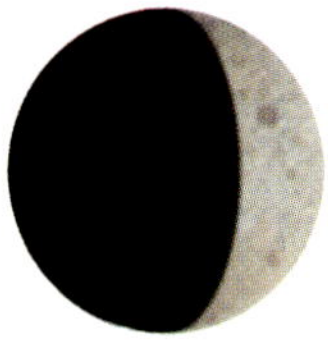

Umbriel
Diametro: 1 100 km
Distanza da Urano: 270 000 km

Titania
Diametro: 1 600 km
Distanza da Urano: 430 000 km

Oberon
Diametro: 1 600 km
Distanza da Urano: 580 000 km

Nettuno

Benché più lontano di Urano, Nettuno, altro pianeta azzurro, è più noto grazie alla sonda Voyager 2 che, nel 1989, ci ha inviato superbe fotografie.

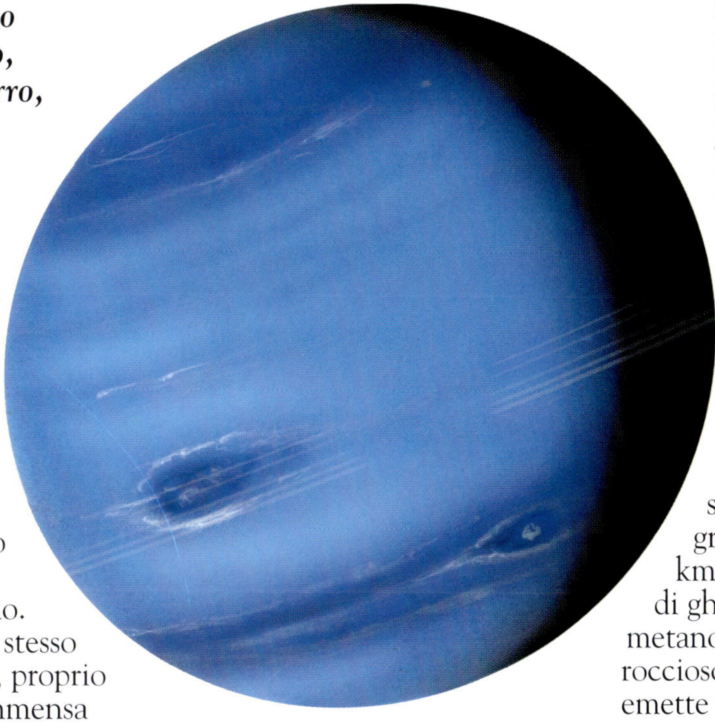

Nettuno
Diametro: 49 500 km
Massa: 17,2 volte quella della Terra
Distanza dal Sole: 4,5 miliardi di km
Durata di rivoluzione (intorno al Sole): 165 anni
Durata di rotazione (su se stesso): 16 ore

Venti supersonici

Il bel colore azzurro di Nettuno è dovuto a strati atmosferici ricchissimi di metano. Nettuno ruota su se stesso in 16 ore e possiede, proprio come Giove, una immensa formazione ciclonica permanente. Vi si nota un ciclone secondario di colore bianco, che gli astronomi hanno soprannominato "lo scooter" per la sua velocità. In queste zone vorticose, i venti soffiano a 1 800 km l'ora, un record nel sistema solare!

Otto satelliti

Nettuno possiede otto satelliti, sei dei quali, i più piccoli e più vicini al pianeta, sono stati scoperti nel 1989 dalla sonda Voyager 2. Nereide, il più lontano degli otto, è stato scoperto nel 1949. Quanto a Tritone, il penultimo, scoperto nel 1846, è un grosso satellite di 2 700 km di diametro. Coperto di ghiaccio d'azoto e di metano, avrebbe un nucleo roccioso. Ricco di vulcani, emette pennacchi di ghiaccio.

Anelli frammentati

Nettuno è circondato da un sistema di 6 anelli che presentano qua e là concentrazioni di materia molto luminosa. L'origine di questi "archi" è ancora sconosciuta.

La superficie di Tritone presenta aspetti molto diversi: terreni giovani che sono stati rimodellati dai ghiacci e vecchi terreni costellati di crateri. Tritone ruota intorno a Nettuno in senso retrogrado (cioè inverso rispetto alla maggior parte degli altri satelliti del sistema solare). Forse non si è formato intorno a Nettuno, che lo ha catturato molto tempo fa.

Plutone

Plutone eclissa parzialmente Caronte. La breve distanza che separa il pianeta dal suo satellite, quasi grosso come lui, deve rendere relativamente frequenti le loro reciproche eclissi.

Scoperto nel 1930, Plutone chiude il corteo dei pianeti del sistema solare. Ma tutto o quasi lo distingue dai suoi fratelli: l'orbita, le dimensioni e anche il suo satellite che è quasi grosso come lui! Tanto che alcuni si chiedono se si tratti di un vero pianeta.

Nono o ottavo?

Plutone non è sempre l'ultimo pianeta del sistema solare. La sua traiettoria molto allungata lo fa a volte penetrare all'interno dell'orbita di Nettuno (senza però che i due pianeti entrino in collisione). Plutone diventa allora, per una ventina d'anni, l'ottavo e non più il nono pianeta.

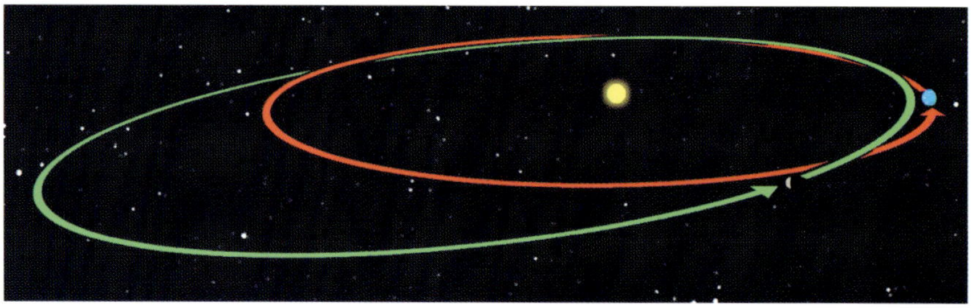

Benché le loro orbite si incrocino, Plutone rimane sempre a buona distanza da Nettuno.

Una coppia a parte

Il diametro di Plutone supera i 2 300 km. Il suo satellite, chiamato Caronte, ha un diametro di 1 250 km e gravita a meno di 17 000 km dal pianeta. Se consideriamo il rapporto tra le loro dimensioni, nessun pianeta del sistema solare ha un satellite tanto vicino e tanto grande!

L'ultimo pianeta?

Con la sua strana traiettoria e le sue dimensioni relativamente piccole, Plutone è veramente atipico. E gli astronomi si chiedono se non sia, invece di un pianeta, una specie di "grossa cugina" delle comete. Infatti una grande quantità di corpi ghiacciati, che assomigliano a grosse comete, gravitano poco più in là della sua orbita.

L'orbita di Caronte intorno a Plutone è molto inclinata, quasi perpendicolare al piano dell'eclittica.

Le comete

Fino alla fine del XIX secolo, le comete hanno profondamente impressionato gli uomini, che le credevano annunciatrici di tempi nuovi o di grandi catastrofi.

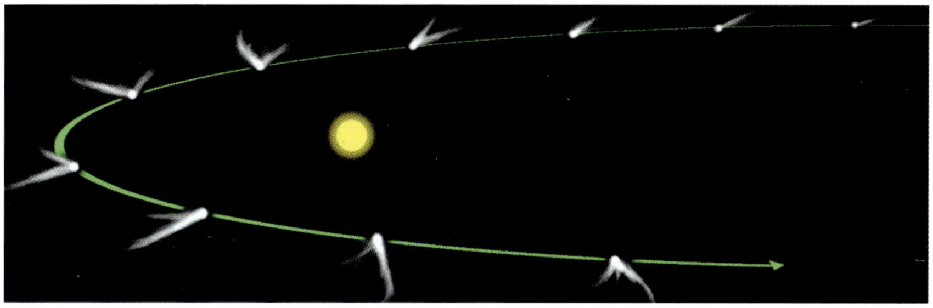

Quando una cometa si avvicina al Sole, la sua coda (che può allargarsi per decine di milioni di chilometri!) è sempre respinta nella direzione opposta alla stella dall'azione del vento solare. A volte si riesce a distinguere anche una coda secondaria.

Palle di neve sporca

Paragonate agli altri oggetti celesti, le comete non hanno nulla di impressionante. Sono corpi che non superano qualche chilometro di diametro, composti da un miscuglio di ghiaccio e di polveri per cui sono stati definiti "palle di neve sporca".

Strascichi maestosi

Ma quando una cometa si avvicina al Sole, la luce e i venti solari trasformano i suoi ghiacci in gas. La cometa si circonda allora di un alone luminoso, la chioma, che si allarga poi in un maestoso strascico (chiamato coda).

Visitatrici fedeli

Fu Edmund Halley ad intuire che le comete erano visitatrici periodiche, e predisse anche il ritorno di quella che porta il suo nome.

Due serbatoi di comete

Il primo, vicino all'orbita di Plutone, ha la forma di un anello piatto: è la cintura di Kuiper. Il secondo è un grande guscio sferico che sembra comprendere tutto il sistema solare: la nube di Oort.

Oltre l'orbita di Plutone, esiste un anello piatto, iscritto nello stesso piano dei pianeti e composto di corpi ghiacciati: è la cintura di Kuiper. Plutone potrebbe provenire di là.

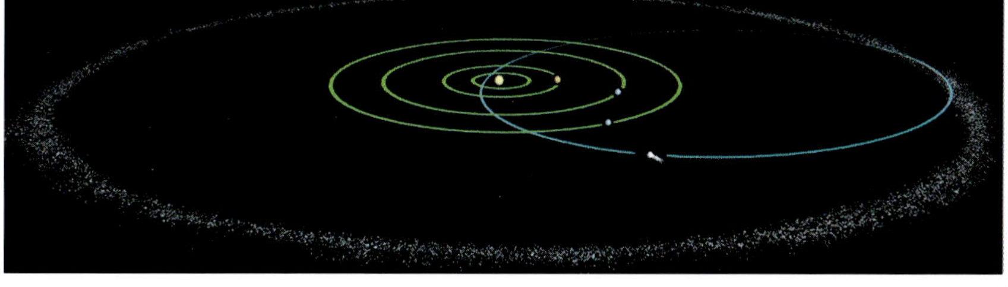

Il futuro de

Il Sole si sposta. La Terra, come tutti i pianeti del sistema solare, compie nello spazio un movimento elicoidale, cioè a forma di cavatappi.

I movimenti dei pianeti del sistema solare sembrano regolati come uno spartito musicale per continuare fino alla notte dei tempi. Tuttavia, un giorno, tutto questo splendido meccanismo si fermerà, perché il Sole finirà per imbizzarrirsi e per "arrostire" i pianeti con il suo fuoco. Ma, anche senza attendere quel giorno, possono succedere cose strane nel sistema solare!

Un granello di sabbia

I pianeti gravitano intorno al sole da 5 miliardi di anni e dovrebbero continuare a farlo per altrettanto tempo. Ma ciò non è più tanto sicuro: gli astronomi sanno oggi che è impossibile prevedere i movimenti di questi pianeti 100 milioni di anni prima. Di chi è la colpa? Della teoria del caos che, come un granello di sabbia, minaccia questo meccanismo perfetto.

Un battito d'ali

Questa teoria matematica, molto seria, dice che una causa insignificante può provocare alla fine effetti enormi. Per esempio, un battito d'ali di una farfalla a Singapore può provocare molto tempo dopo a New York un maremoto! È lo stesso per i pianeti: una piccolissima perturbazione e la loro orbita potrebbe essere modificata per sempre.

Ora, da una decina d'anni si sa che pianeti come Mercurio, Venere, la Terra e Marte hanno traiettorie caotiche e che si disturbano a vicenda. Di conseguenza, dato che tali effetti possono amplificarsi, nessuno può prevedere come saranno le loro orbite fra 100 milioni di anni.

Una vera fornace

Anche se nulla di ciò succederà, una cosa è sicura: noi non sfuggiremo alla fine della nostra stella. Fra circa 5 miliardi di anni, il Sole, l'abbiamo visto, si evolverà per diventare una gigante rossa. Si gonfierà smisuratamente, vaporizzando Mercurio e inondando Venere con le sue fiamme. I suoi raggi spazzeranno via tutta l'atmosfera della Terra, il che farà evaporare gli oceani. In pieno giorno, la luce rossa del Sole cuocerà la superficie del nostro globo, che si trasformerà in una vera e propria fornace: la sua temperatura raggiungerà quasi 2 000 gradi.

Una Terra di ricambio

Naturalmente, nessuna forma di vita potrà sussistere in tali condizioni. Per fortuna, questo futuro è ancora molto lontano e dobbiamo sperare che, da qui ad allora, l'umanità sarà riuscita a raggiungere uno stadio molto superiore di tecnologia e a trovarsi un pianeta di ricambio in un altro punto della Galassia! A meno che gli uomini riescano ad annientarsi da soli molto prima, incapaci di controllare l'inquinamento che infliggono alla Terra e di risolvere i loro conflitti con metodi diversi dalle armi.

sistema solare

Un gigantesco Sole si leva all'orizzonte di una Terra completamente priva di acqua e di atmosfera, con la superficie carbonizzata da una temperatura di 2 000 gradi. Fra 5 miliardi di anni, la nostra stella trasformerà in vapore Mercurio e inghiottirà Venere e la Terra. Neppure i pianeti giganti saranno risparmiati e vedranno la loro spessa atmosfera sparire per sempre. Forse alcuni dei loro satelliti diventeranno, per qualche decina di milioni di anni, mondi abitabili? Dopo tutto ciò il Sole si trasformerà in una nana bianca, e ciò che resterà del sistema solare farà molta fatica a scaldarsi alla debole luce di quella piccolissima stella.

L'impossibile

Prigioniero con il figlio Icaro del labirinto che aveva costruito per ordine del potente re Minosse di Creta, Dedalo tentò di fuggire costruendo delle ali fatte di penne incollate con cera. Raccomandò a Icaro di non volare tropo vicino al Sole. Ma Icaro gli disobbedì... Il dio Sole, irritato dall'audacia di Icaro, lo colpì con i suoi raggi. La cera delle ali si sciolse e Icaro precipitò nel mare dove annegò.

Fin dall'Antichità, gli uomini hanno sognato di volare come gli uccelli. Ma poiché il cielo era il dominio riservato agli dei, ogni tentativo non poteva concludersi che con la morte!

Tecnicamente possibile!

Da più di due millenni ci serviamo di corde, di tela, di seta e di bambù: gli uomini sarebbero perciò stati perfettamente in grado di costruire gli alianti e di volare.

Una leggenda racconta che un imperatore della Cina, desideroso di sorvolare il proprio regno, si fece costruire un trono spinto da razzi. Nessuno sa se riuscì veramente a decollare, ma morì a causa dell'esplosione della macchina.

sogno di Icaro

Pallone gonfiato con aria calda, realizzato dai fratelli Montgolfier.

Ciò che non avevano ancora compreso bene era il principio del funzionamento delle ali degli uccelli… e forse non possedevano ancora l'audacia necessaria per sfidare il cielo!

Il primo volo umano

I primi uomini che sorvolarono la faccia della Terra, furono il marchese di Arlandes e Pilâtre de Rozier, a bordo di un pallone gonfiato con aria molto calda e costruito dai fratelli Montgolfier nel 1783. Infatti l'aria calda è più leggera dell'aria dell'atmosfera e perciò il pallone si alza. Per lungo tempo molti scienziati credettero che solo i veicoli più leggeri dell'aria potessero volare. Alcuni erano persino convinti che anche gli uccelli, durante il volo, diventassero più leggeri dell'aria!

Alla conquista dell'etere

Il tedesco Otto Lilienthal fu uno dei grandi pionieri dell'aviazione. Alla fine del XIX secolo fu il primo uomo che effettuò voli planati (si lanciava dall'alto di una collina) con ciò che ora a noi sembra l'antenato del deltaplano. Dimostrò così che era possibile far volare corpi più pesanti dell'aria. Purtroppo perse la vita durante uno dei suoi esperimenti. Più o meno nello stesso periodo, il francese Clément Ader e i fratelli Wright, negli Stati Uniti, compivano i primi voli in aereo.

Otto Lilienthal pensava che è la forma delle ali che permette agli uccelli di volare.

Dai fuochi

Alla fine del IX secolo, in Cina fa la sua comparsa un'invenzione che rivoluzionerà l'arte della guerra: la polvere nera.

Petardi e razzi

La polvere nera è il primo esplosivo conosciuto. I Cinesi dapprima se ne servirono per fabbricare petardi che mettevano sulla punta delle frecce prima di lanciarle contro i nemici, le orde di cavalieri venuti dalle steppe del Nord. Le esplosioni terrorizzavano i cavalli di quei barbari e seminavano il panico nelle loro file Ben presto, gli armaioli cinesi si accorsero che, se i petardi non venivano tappati completamente, partivano da soli per reazione: avevano scoperto il principio propulsore dei razzi.

Oggetti per le feste

Si accorsero anche che certe sostanze, aggiunte alla polvere nera, ne coloravano in modo diverso le fiamme. Inventarono così i primi fuochi d'artificio. I Cinesi usavano i petardi e i fuochi d'artificio durante le cerimonie religiose, pensando che spaventassero e allontanassero gli spiriti maligni.

Armi terribili

Purtroppo, la polvere nera in seguito servì per fare la guerra. Per sfruttare la sua forza esplosiva si misero a punto delle "bocche da fuoco": fucili, bombarde e altri cannoni.

I commercianti arabi, che avevano diritto di cittadinanza in Cina, diffusero queste invenzioni in Occidente. I primi pezzi di artiglieria fecero la loro comparsa in Europa verso la fine del XII secolo.

Cannoni o razzi?

Per gli strateghi militari, i cannoni dal tiro preciso erano preferibili ai razzi. Ma poiché questi ultimi erano terribilmente efficaci contro i ranghi serrati dei nemici o contro i grandi bersagli, come le città, continuarono ad essere perfezionati.

d'artificio ai missili

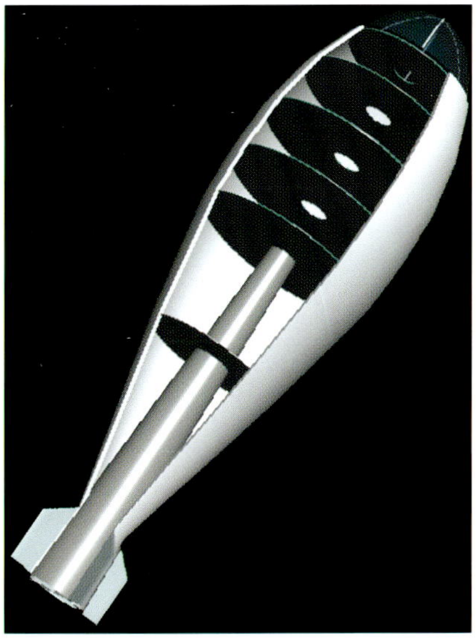

Preludio allo spazio

Nel XIX secolo, l'idea dei viaggi interplanetari divenne popolare. Non conoscendo la vera natura del vuoto spaziale, si progettarono mezzi stravaganti di ogni specie, tra i quali il pallone dirigibile. Giulio Verne pensò addirittura di lanciare i suoi eroi fin sulla Luna in un grosso obice sparato da un gigantesco cannone!

Nei primi anni del XX secolo, il russo Konstantin Tsiolkovski comprese che i razzi erano i veicoli migliori per effettuare viaggi interplanetari, perché funzionano nel vuoto spaziale grazie alla legge dell'azione e della reazione descritta da Newton.

Circa dieci anni dopo, l'americano Robert Goddard fece progredire in modo decisivo la tecnologia dei razzi. Ne progettò e costruì a combustibile liquido, più potente delle polveri solide.

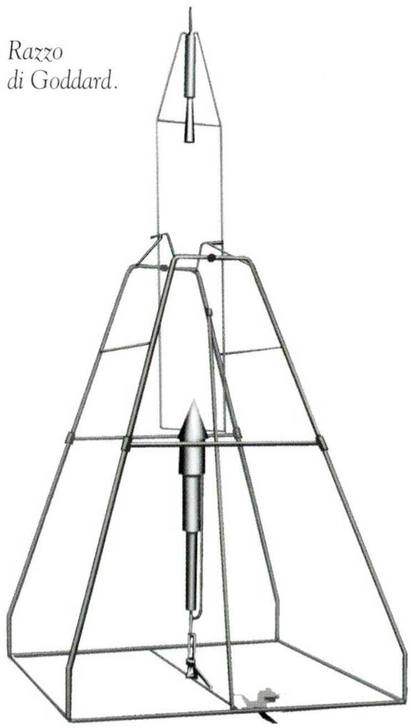

Razzo di Goddard.

La V2

Durante la seconda guerra mondiale, l'esercito tedesco si impegnò in un programma di costruzione di razzi, con l'ambizione di poter giungere fino a New York per bombardarla.
L'arma tecnicamente più avanzata dell'epoca fu il missile V2, costruito sotto la direzione dell'ingegnere tedesco Wernher von Braun. Le V2 furono usate contro l'Inghilterra e causarono gravissimi danni e numerose vittime a Londra. Dopo la resa della Germania, le potenze alleate si contesero i missili tedeschi e i loro tecnici. Fu così che Wernher von Braun divenne uno degli uomini chiave del programma spaziale americano.

Il missile più perfezionato della sua epoca, la V2, servì come base o come modello per quasi tutti i missili del dopoguerra.

Le imprese

Tutti i successi spaziali dell'Unione Sovietica hanno come base il missile Zemiorka, il razzo vettore costruito sotto la direzione di Sergei Korolev. Continuamente perfezionato, questo razzo vettore è da più di quarant'anni la punta di diamante dei programmi spaziali russi.

Gli organi di Stalin

Durante la seconda guerra mondiale, l'Unione Sovietica aveva fatto un uso molto intenso ed efficace dei lanciarazzi multipli soprannominati "organi di Stalin". Finita la guerra, l'URSS diede il via a un ambizioso programma spaziale.

Bip, bip, bip

Il 4 ottobre 1957 un piccolo rumore, strano e regolare, giunge ai radioamatori di tutto il mondo: "Bip, bip, bip...". È il segnale del primo satellite artificiale che i Russi hanno appena messo in orbita: lo Sputnik 1, una sfera di alluminio di 60 cm di diametro, sormontata da due paia di antenne. Con lo Sputnik, i Sovietici vincono la prima manche della corsa allo spazio.

La conquista dello spazio prende il via in realtà dopo la seconda guerra mondiale. A lungo i Sovietici saranno in testa e accumuleranno grandi primati infliggendo severe umiliazioni agli Americani.

Sputnik 1

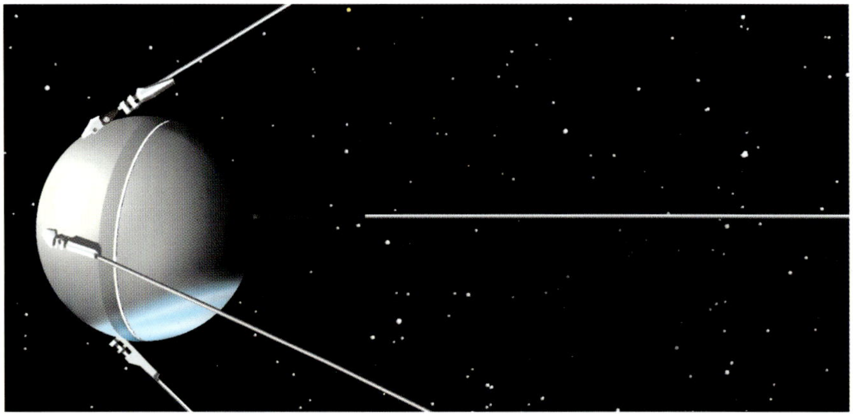

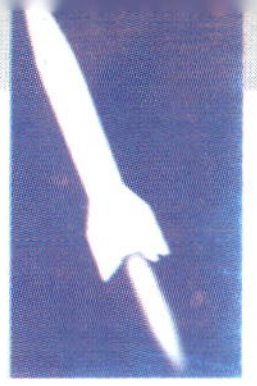

spaziali sovietiche

La cagnetta Laika.

In piena guerra fredda, questa è una grossa sconfitta per gli Americani e una pesante minaccia, perché il razzo che ha lanciato lo Sputnik è derivato da un missile che permetterebbe all'Unione Sovietica di bombardare qualsiasi punto del globo.

Un animale nello spazio

Un mese dopo lo Sputnik, i Russi ripetono l'impresa, lanciando in orbita, per la prima volta, un essere vivente: la cagnetta Laika. Questi successi spaziali procurano un immenso prestigio all'Unione Sovietica.

Gli insuccessi americani

L'America decide di ricuperare il ritardo. Esercito, marina, aviazione: ogni settore delle forze armate lavorerà a un proprio programma spaziale.

Ognuno lavora febbrilmente ed effettua dei lanci. Ma molti di questi lanci si risolvono in insuccessi umilianti davanti alla stampa e alla televisione.
Nel 1959, il governo americano decide di creare un ente spaziale, la NASA, per concentrare tutti questi sforzi.

Gagarin

Il 12 aprile 1961, gli Americano subiscono una

Yuri Gagarin

nuova – e gravissima – umiliazione: a bordo di Vostok 1, il russo Yuri Gagarin diventa il primo uomo in orbita della Storia compiendo un giro intorno alla Terra in 108 minuti.

Gli Americani tentano di consolarsi lanciando un mese più tardi Alan Shepard nello spazio, ma il suo volo dura soltanto un quarto d'ora. Il 20 febbraio 1962, John Glenn diventa il primo americano in orbita. Ma è troppo tardi!

I grandi primati

I Russi nel frattempo non si fermano: nel giugno 1962 inviano in orbita la prima donna, Valentina Tereshkova. L'anno seguente, nuovo primato: fanno volare tre cosmonauti a bordo della stessa navetta spaziale.
Nel 1965, Alexei Leonov compie la prima uscita nello spazio. Infine, nel gennaio 1969, i Sovietici riescono a far ammarare due navette abitate. L'America intanto approfondisce il suo vantaggio tecnologico (in elettronica, informatica, miniaturizzazione e padronanza dei motori a idrogeno) e prepara la grande rivincita...

Capsula della navetta Vostok 1

La corsa

Modulo lunare russo.

Il 25 maggio 1961, in risposta al successo di Gagarin, il presidente americano John Fitzgerald Kennedy promette solennemente che invierà un Americano sulla Luna prima della fine del decennio. Dà così inizio alla corsa alla Luna. I generali americani temono particolarmente che, se i cosmonauti russi sbarcheranno per primi sulla Luna, l'Unione sovietica rivendicherà il diritto di annessione del nostro satellite, come succede quando si scoprono terre disabitate.

La Carta dello spazio

Nel 1967, l'Organizzazione delle Nazioni Unite firma una Carta dello spazio che stabilisce che esso venga utilizzato a scopi pacifici. Il sistema solare diventa di conseguenza un bene comune dell'umanità. Da quel momento, non si tratta più di "conquistare" la Luna. La sola posta in gioco di questa corsa sarà il prestigio nazionale e la possibilità di far progredire la scienza.

I Russi fuori gioco

Per i Russi, un programma lunare richiede che si metta a punto un enorme razzo, l'"Energia", perché i loro vascelli spaziali sono molto più pesanti di quelli degli

Il lanciamissili G1 Energia▶

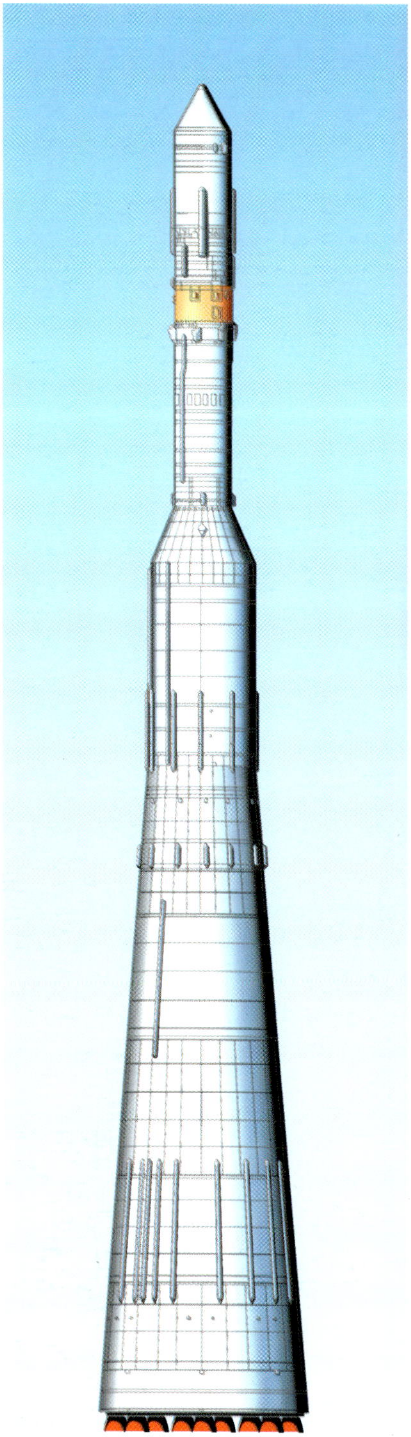

alla Luna

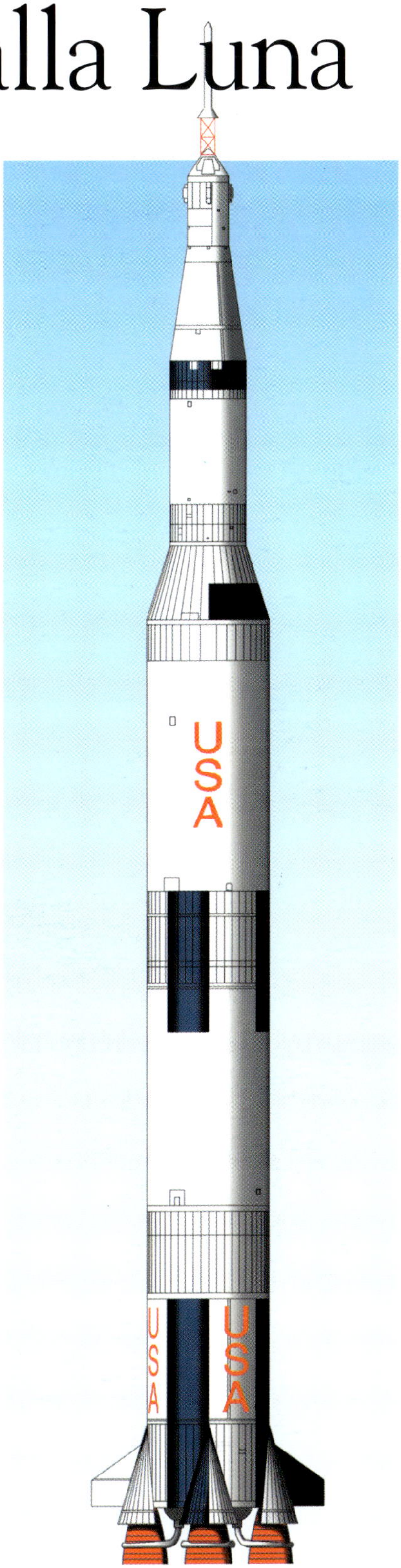

Americani. Ma l'esplosione di questo razzo durante il decollo, annienterà ogni speranza di arrivare sulla Luna per primi. Dopo questo fatto, i Russi invieranno soltanto una missione automatizzata senza uomini a bordo.

I martiri dello spazio

Dal 1961, la conquista dello spazio non ha ancora fatto vittime. Ma il 1967 sarà un anno nero. Per alleggerire al massimo i carichi da imbarcare sui vascelli spaziali, gli scienziati americani fanno respirare ossigeno puro ai loro astronauti. Ora, in queste condizioni la minima scintilla può trasformare tutto in una torcia, compresi i metalli come l'alluminio. Ed è proprio ciò che succede durante un allenamento a terra, provocando la morte degli astronauti Grissom, White e Chaffee nel gennaio 1967. Quanto al russo Komarov, muore nell'aprile dello stesso anno durante l'atterraggio della sua capsula. Questi incidenti rallentano di poco i programmi spaziali.

Preludio alla Luna

Negli Stati Uniti, la messa a punto del razzo Saturno 5 e le prove della capsula Apollo continuano. Nel dicembre 1968, gli astronauti Borman, Lovell e Anders compiono il giro della Luna a bordo di Apollo 8. La data dello sbarco si avvicina a grandi passi…

◀ *Il razzo Saturno 5*

Moduli di servizio e di comando americani

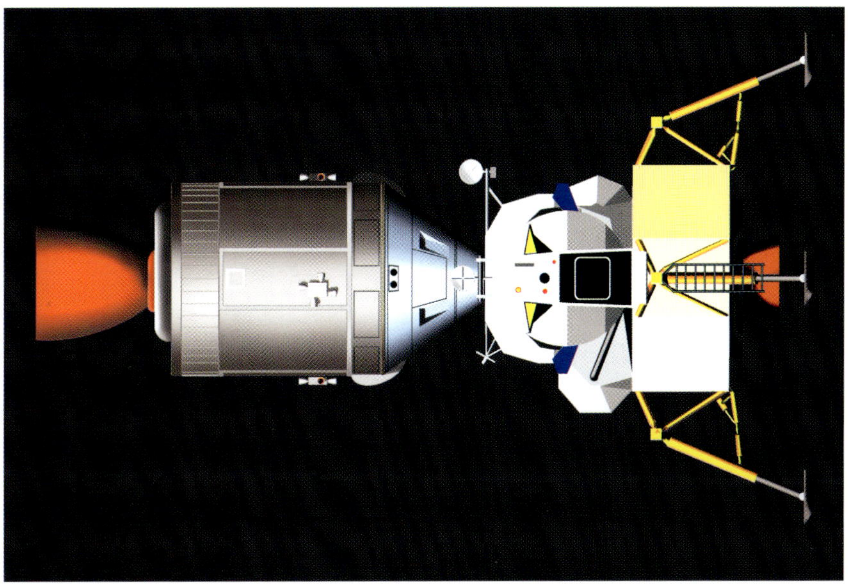

Apollo 11: abbiamo

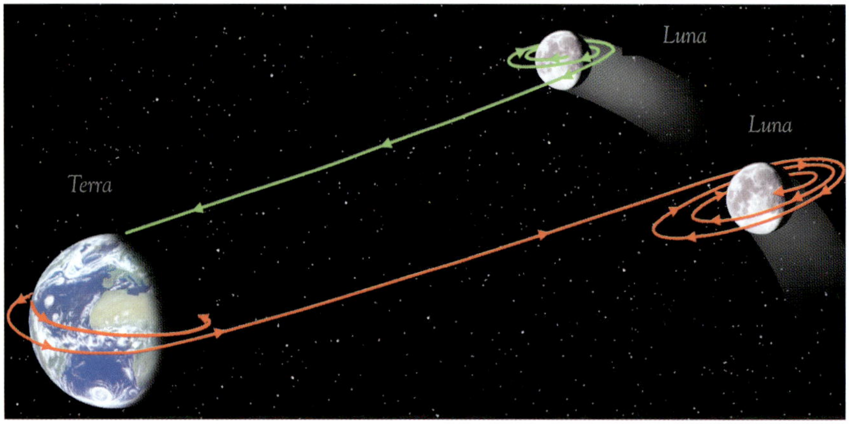

Il tragitto Terra–Luna della missione Apollo 11. Gli astronauti sono rimasti nello spazio 8 giorni e mezzo.

Oltre che una sfida formidabile, lo sbarco dell'uomo sulla Luna fu un'avventura appassionante vissuta in diretta alla televisione da più di un miliardo di esseri umani.

In cammino verso la gloria

Il 16 luglio 1969, gli astronauti Neil Armstrong, Edwin Aldrin e Michael Collins decollavano da Cape Canaveral.
Dopo un viaggio di quattro giorni, la loro navicella spaziale, composta dai moduli Columbia e Eagle, si metteva in orbita intorno alla Luna. Armstrong e Aldrin si sistemarono nel modulo di atterraggio Eagle, mentre Collins, rimasto nel Columbia, continuava a girare intorno al satellite. Pilotato da Armstrong, l' Eagle iniziò la sua discesa verso la superficie lunare. Dopo averla brevemente sorvolata per scegliere un luogo favorevole, allunò sul Mare della Tranquillità.
Gli astronauti indossarono scafandri speciali per uscire e, filmato da una telecamera fissata all'esterno del modulo Eagle, Neil Armmstrong discese la scala e posò per primo il piede sul suolo lunare.

Il Columbia, con Collins a bordo, ha continuato a girare intorno alla Luna, mentre Armstrong e Aldrin, a bordo dell' Eagle, si sono posati sulla Luna.

camminato sulla Luna

Un'esperienza incredibile! L'abitacolo del modulo lunare Eagle è così piccolo che non è possibile distendersi. Gli astronauti vi riposano sospesi in sacchi a pelo verticali ma, abituati ad allenamenti molto severi, non si lasciano impressionare dalla scomodità della situazione. Dobbiamo pensare all'avventura straordinaria che hanno vissuto posando i piedi, sulla Luna davanti a milioni di telespettatori.

"Un piccolo passo per l'uomo, ma un balzo gigantesco per l'umanità..." Dopo queste parole pronunciate da Amstrong, i due astronauti calpestarono il suolo della luna per due ore e mezza. Piantarono la bandiera americana, installarono strumenti scientifici, prelevarono campioni del suolo lunare e risalirono a bordo dell'Eagle per riposare. Poi decollarono.

La capsula Apollo è ammarata nel Pacifico vicino alle isole Hawaii, non lontano da una portaerei.

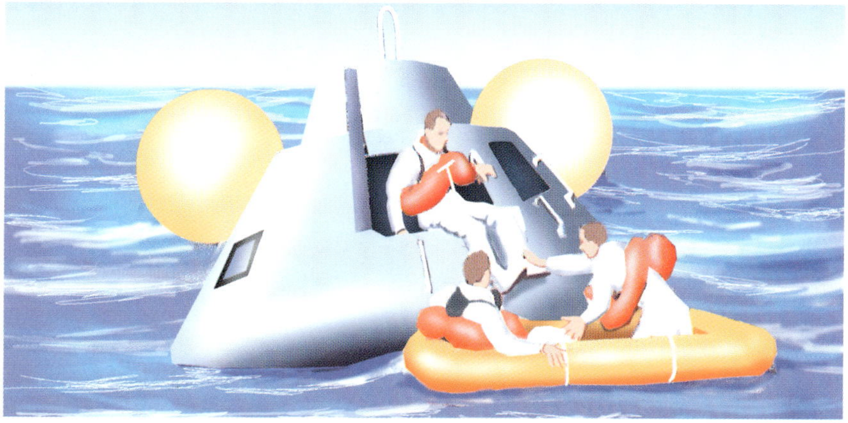

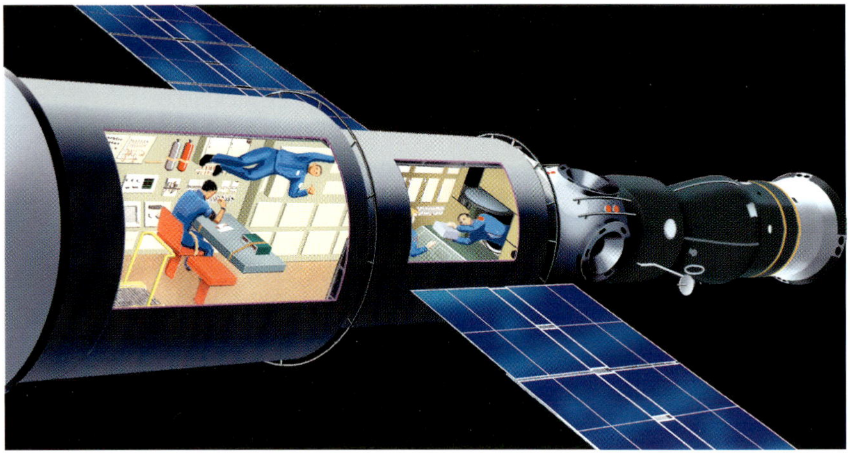

La stazione Mir è munita di un modulo che permette di agganciarvi altri elementi durante il volo.

Dopo le competizioni che hanno segnato la corsa alla Luna, arriva il tempo dello sfruttamento dello spazio. Russi e Americani vi inviano numerose sonde scientifiche e stazioni orbitali.

Le stazioni spaziali

Nello spazio, la gravità è inesistente o almeno è ridotta a quella generata dalla massa della stazione spaziale. In queste condizioni si possono creare materiali compositi, come una lega di ferro e di alluminio, decisamente impossibile a realizzarsi sulla Terra, perché l'alluminio si metterebbe a galleggiare sul ferro.
I Russi hanno lanciato le stazioni Saliut e Mir, gli Americani lo Skylab. In queste stazioni si sono fatte molte esperienze scientifiche e mediche.

L'invecchiamento delle stazioni orbitali

Occorre un'energia enorme per lanciare un oggetto in orbita intorno alla Terra.
Più è pesante e più bisogna lanciarlo in alto, il che costa molto caro. Perciò le stazioni spaziali non superano mai i 400 km di distanza dalla Terra e a quest'altezza sono ancora immerse negli strati superiori dell'atmosfera. Anche se caricano più carburante per effettuare le manovre e per salire ancora un poco, rischiano di essere frenate e di ricadere sulla Terra.

Lo spazio pattumiera

La superficie delle stazioni spaziali è esposta all'erosione del vento solare e può anche essere danneggiata dai frammenti di tutto ciò che gli uomini hanno lanciato nello spazio. All'inizio della conquista spaziale, si era soliti far esplodere tutti i missili e i satelliti che sfuggivano al controllo delle stazioni di guida: così, decine di migliaia di rottami orbitano intorno alla Terra. Ciò costituisce un grave pericolo per gli astronauti e per i satelliti.

La stazione Skylab riceve la visita di una capsula Apollo.

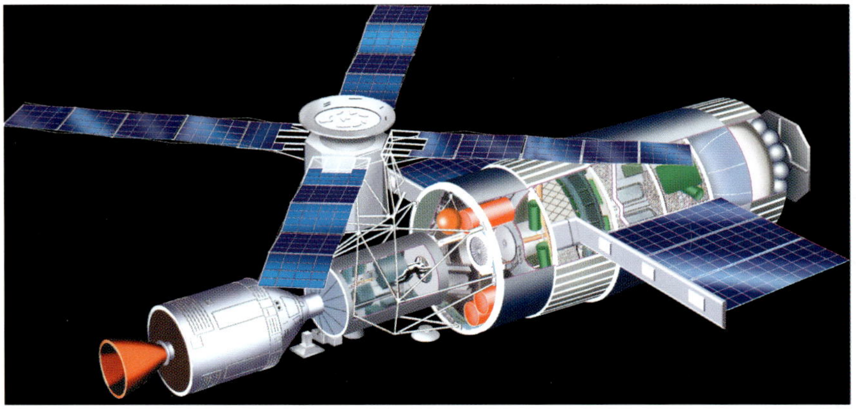

della Luna

Voyager 2 incrocia nei pressi di Giove. Le sonde Voyager hanno fotografato gli anelli di Giove, che sono difficilmente visibili.

Se è possibile organizzare l'invio di missioni abitate sulla Luna, verso gli altri pianeti del sistema solare si inviano invece sonde automatiche.

I pianeti vicini

Le sonde Viking e Mariner hanno visitato Marte e Mercurio, mentre Venere accoglieva le sonde Venera. In seguito, satelliti muniti di radar hanno permesso di eseguire i rilievi topografici di Marte e Venere di cui ora conosciamo la superficie quasi come quella del nostro pianeta.

Favolose odissee dello spazio

Le missioni Pioneer e Voyager, inviate verso i pianeti giganti, hanno costituito uno dei più grandi successi dell'astronomia spaziale. Le fotografie che ci hanno inviato dei loro satelliti hanno stupito gli astronomi.

Un viaggio senza fine

Dopo aver raggiunto gli obiettivi che gli astronomi si aspettavano, le sonde Pioneer e Voyager hanno abbandonato il sistema solare. Continueranno a sprofondare senza fine per millenni verso le solitudini dello spazio. Queste missioni permetteranno forse un giorno di trovare i primi indizi di vite extraterrestri su uno dei pianeti del nostro sistema solare.

Pioneer 10 porta, come biglietto da visita indirizzato a esseri lontani che potrebbero esistere in un altro mondo, il saluto dell'uomo e il suo indirizzo: la posizione della Terra nel sistema solare e relativamente a 14 pulsar.

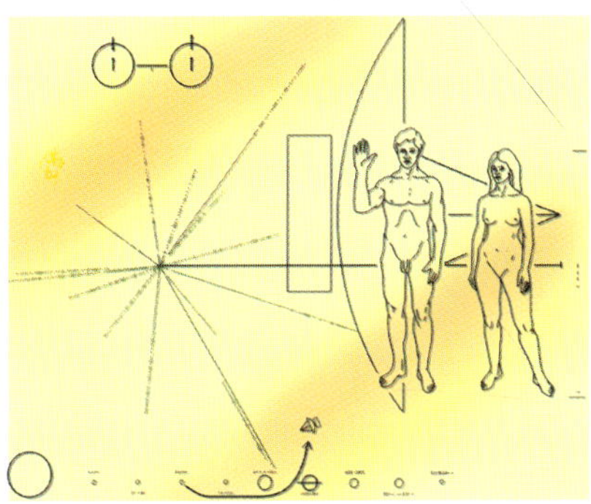

L'utilizzo

I satelliti della serie Spot eseguono la cartografia della Terra riproducendo particolari grandi anche solo cinque metri. Questi rilievi sono utilissimi per controllare il paesaggio e lo stato della vegetazione. Le loro due videocamere permettono di fare riprese stereometriche dalle quali si può dedurre l'altitudine dei rilievi.

Oggi, lo spazio che circonda la Terra è sempre più ingombro di satelliti di ogni specie che hanno tutti un ruolo ben preciso.

Spionaggio

Se si sorvola un territorio con un aereo, si è sottoposti a uno stretto controllo da parte dei diversi Stati. Invece, al di sopra dei 70 km, lo spazio è considerato aperto e i satelliti artificiali possono circolare liberamente. Perciò le prime missioni sono state il controllo e la rilevazione fotografica dei territori stranieri. Gli Americani sono i campioni di questa forma di spionaggio: i loro satelliti ascoltano e intercettano le comunicazioni, scoprono ogni movimento di truppe, a tal punto che gli Stati sono ora costretti a comunicare le loro esercitazioni militari per non preoccupare i potenziali avversari!

Alcuni satelliti dispongono di radar capaci di rivelare ciò che succede nell'oceano fino a 100 m di profondità. Possono così controllare anche i movimenti dei sottomarini.

Meteorologia

Grazie ai satelliti meteorologici, il tempo può essere previsto con cinque giorni di anticipo e le popolazioni possono essere avvertite dell'arrivo dei cicloni. Grazie ad essi, è possibile conoscere lo spostamento delle nubi, la temperatura del suolo e l'altezza del manto nevoso delle montagne.

Cartografia

I satelliti sono in grado di misurare le distanze e le altezze con l'errore massimo di un centimetro. Sono utilissimi per la pianificazione del territorio, per esempio per indicare il miglior tracciato possibile per una strada o per un canale d'irrigazione.

La materia attira la materia. Di conseguenza, un rilievo sottomarino attira intorno a sé l'acqua dell'oceano. Il mare forma perciò delle gobbe al di sopra delle montagne sottomarine e delle cavità al di sopra delle fosse. I satelliti possono così rilevare il fondo degli oceani.

dello spazio vicino

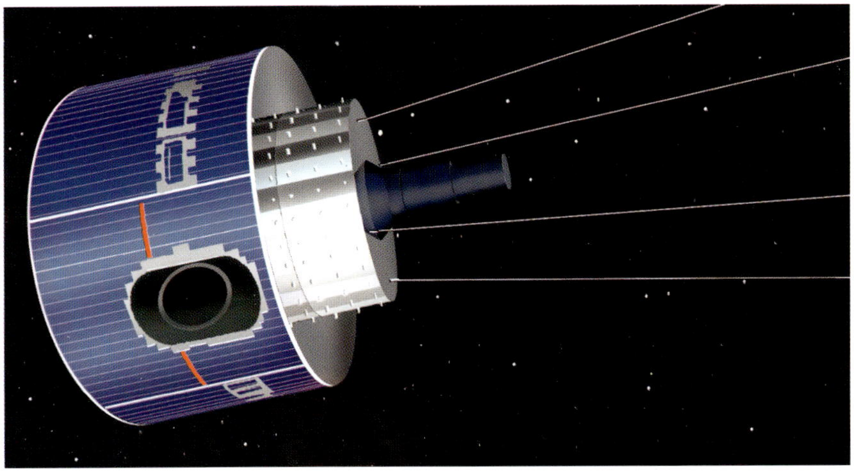

I satelliti Meteosat sono inviati sull'orbita geostazionaria e sorvolano sempre la stessa zona, l'oceano Atlantico. Forniscono le fotografie che servono per i bollettini meteorologici diffusi dalla radio e dalla televisione.

Permettono di controllare i raccolti e di osservare lo sviluppo della vegetazione. Sulle superfici degli oceani, rivelano con il radar le gibbosità le cavità caratteristiche della presenza di montagne o di faglie sottomarine.

Guida

Il Global Positioning System, o GPS, è una rete mondiale di satelliti in orbita che, dal 1992, permette di rilevare qualsiasi cosa sulla superficie del globo. Per l'utente è sufficiente captare i segnali di quattro di questi satelliti: il suo ricevitore GPS calcola allora gli scarti tra i tempi di arrivo dei segnali e ne deduce la propria posizione con l'errore massimo di una decina di metri. Non è più necessario saper fare il punto con le stelle per navigare e diventa possibile programmare la rotta delle navi. Grazie a boe radio e a sistemi di questo genere, gli scienziati sono in grado di seguire anche gli spostamenti di una balena nell'oceano!

I GPS sono computer che captano i segnali provenienti da un orologio atomico e ritrasmessi da una rete di satelliti. Calcolano i minimi scarti del tempo di ritrasmissione di questi segnali per dedurne la propria posizione.

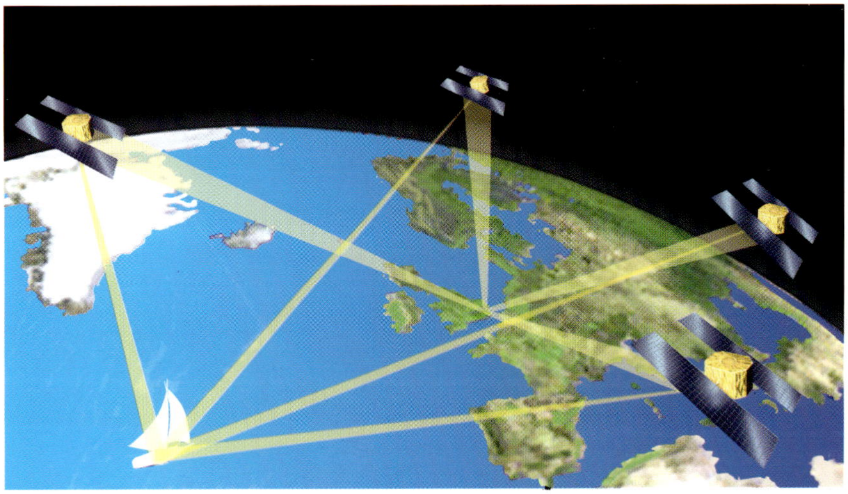

Astronomia

I satelliti scientifici permettono di osservare corpi celesti nascosti o deformati dall'atmosfera terrestre.

Telecomunicazioni

Dall'inizio degli anni 60, i satelliti servono anche come ripetitori per le onde radio. Ritrasmettono i programmi della televisione e le comunicazioni telefoniche. I satelliti per le telecomunicazioni sono sempre più numerosi.

I razzi vettore

Il mostro Ariane 5 (altezza più di 50 m, peso totale 750 t) durante l'assemblaggio. I capannoni di assemblaggio dei razzi Ariane sono costruzioni enormi, alte più di 80 m.

La famiglia dei razzi vettore Ariane e la stazione di lancio di Kourou, in Guyana, sono gli strumenti dell'Europa spaziale, per la nascita della quale è stata determinante la partecipazione francese.

Un successo mondiale

Dopo inizi difficili con il missile Europa, che fu uno smacco cocente negli anni 60, la determinazione della Francia nel creare l'Europa spaziale ha dato buoni frutti: il razzo vettore Ariane, costruito grazie alla cooperazione di numerosi paesi europei, è diventato un modello talmente affidabile da assicurare il lancio di circa tre

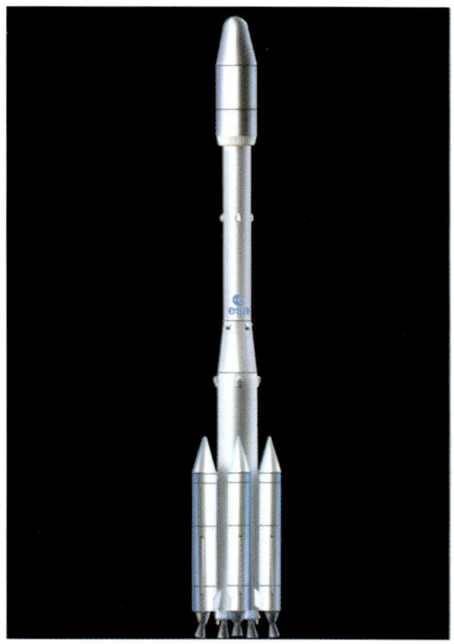

Ariane

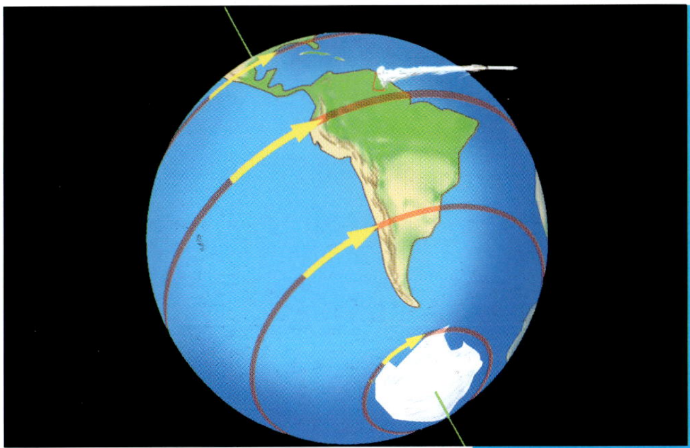

Lanciare un missile nel senso della rotazione della Terra gli assicura una migliore accelerazione, che è tanto più efficace quanto più il luogo del lancio è vicino all'equatore. Per questa ragione Kourou è oggi la miglior stazione di lancio del mondo.

quarti dei satelliti del mondo, tra cui molti satelliti americani.

Un vero "astroporto"

I diversi elementi del razzo Ariane arrivano dall'Europa nella Guyana francese a bordo delle navi e là vengono assemblati nelle gigantesche torri di Kourou. Ogni mese un razzo Ariane decolla, portando uno o più satelliti. Una delle sue specialità è il lancio di satelliti sull'orbita geostazionaria, a 36 000 km dalla Terra. È la sola orbita sulla quale i satelliti ruotano alla stessa velocità della Terra e si trovano perciò sempre sopra lo stesso punto del globo.

Ariane 5 sulla rampa di lancio

I meccanici

Riparazione del telescopio Hubble

Le prime uscite di uomini nello spazio avevano la caratteristica delle imprese sportive: si facevano soprattutto per dimostrare che si potevano fare! Si è dovuti passare attraverso i guasti dei satelliti e le avarie dei vascelli spaziali per poterne dimostrare la vera utilità. Le uscite più spettacolari avvennero in occasione della riparazione del telescopio spaziale Hubble e della stazione Mir.

Uomini o robot?

La presenza degli uomini nello spazio è sempre stata contestata. I Russi erano riusciti a far riportare alcune pietre dalla Luna durante una missione automatica che ebbe un costo molto inferiore a quello delle missioni abitate degli Americani.
Le missioni compiute da robot autonomi o telecomandati sono

dello spazio

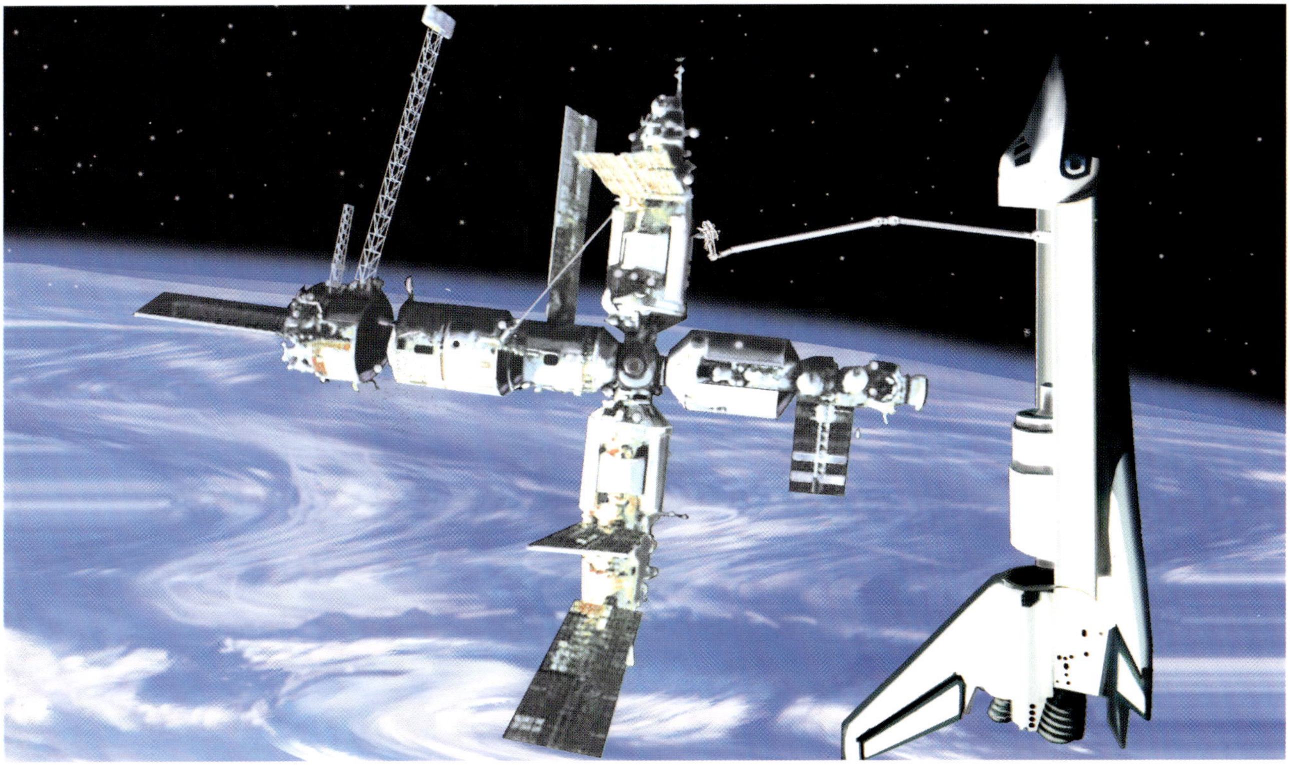

Oltre ai Russi, la stazione Mir ha accolto per anni passeggeri stranieri che vi si recavano per eseguire esperimenti scientifici.

evidentemente meno rischiose e molto meno care di quelle che inviano esseri umani nello spazio. Ma nessun robot avrà mai l'intelligenza, l'abilità e lo spirito d'iniziativa di un uomo!

Un errore umiliante

Dopo il lancio del telescopio spaziale Hubble, nell'aprile 1990, gli scienziati si accorsero con orrore che le immagini che ne ricevevano erano completamente sfocate! Il suo specchio presentava infatti un difetto inaccettabile: la ditta che lo aveva costruito non era stata in grado di testarne correttamente la qualità. Fu una catastrofe per la NASA, che vide la sua credibilità crollare al punto più basso dopo l'esplosione della navetta Challenger, nel 1986.

La riparazione del telescopio spaziale da parte di astronauti usciti nello spazio fu tentata nel dicembre 1993. E questa volta si trattò di un successo. Da quel giorno, Hubble è stato oggetto di due altre missioni di riparazione o di manutenzione.

La Mir rattoppata

Quanto alla Mir, la vecchia stazione orbitale russa lanciata nel 1986, ha subito negli ultimi anni avarie di ogni specie che hanno richiesto riparazioni urgenti da parte dei cosmonauti russi e degli astronauti americani giunti in loro aiuto. Oggi i Russi, a corto di denaro, non hanno ancora deciso se abbandonarla al suo destino. Fra un anno o due, la Mir cadrà nell'oceano Pacifico?

La stazione spaziale

Una stazione spaziale internazionale è l'ambizioso programma dei decenni futuri. Per alcuni, la sua utilità è più politica che scientifica: si tratta di mettere alla prova la cooperazione tra diversi paesi.

Un Meccano "high tech"

A prima vista, la stazione spaziale internazionale non è molto diversa dalla Mir, tranne che per il fatto che è molto più grande e più moderna.

Si presenta come una specie di gigantesco Meccano spaziale. Il suo assemblaggio è iniziato nel 1998 e dovrebbe concludersi entro il 2004. Per questa costruzione saranno necessari una cinquantina di viaggi di andata e ritorno! Una volta terminato, il "mostro" misurerà 108 m di lunghezza e 75 m di larghezza. Per quanto riguarda la sua massa totale essa si avvicinerà alle 420 t!

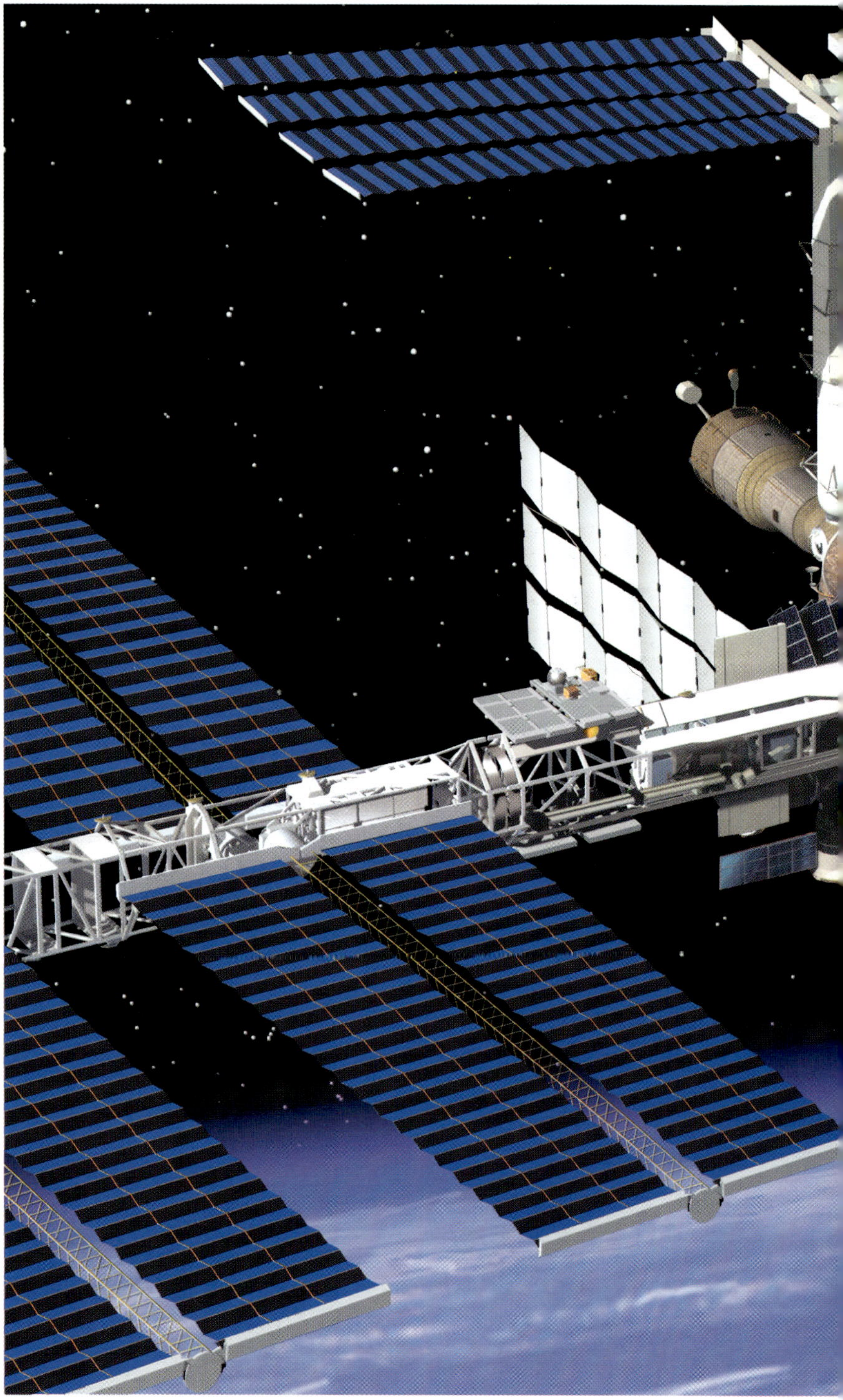

La stazione spaziale internazionale sarà frutto della collaborazione di diversi paesi – il Canada, la Russia, il Giappone e l'Europa – sotto la direzione degli Stati Uniti. Si prevede che a bordo verranno normalmente effettuati molti esperimenti di diverso tipo. Ma la stazione sarà anche un eccellente test prima dell'assemblaggio di grandi vascelli spaziali abitati, come quelli che molti sognano di inviare sul pianeta Marte in un futuro più o meno prossimo!

internazionale

Una base astronomica

I grandi telescopi terrestri sono minacciati… La moltitudine di satelliti in orbita acceca i loro delicati sensori. Le trasmissioni radio, sempre più numerose, e l'inquinamento di ogni tipo rovinano i loro costosi strumenti. Disturbati nelle loro osservazioni, gli astronomi sognano una base di osservazione sulla faccia nascosta della Luna.

Una vera giungla

I siti astronomici di ottima qualità sono rari sulla Terra. Devono trovarsi a una certa altitudine (là dove il cielo è puro e l'aria secca) e ci deve essere bel tempo per un certo numero di giorni all'anno! Il che consente una scelta limitata: alcune vette montuose o vulcaniche in Cile, nelle Hawaii e nelle isole Canarie. Inutile dire che questi luoghi sono costosi e che gli astronomi incontrano molti ostacoli per potervi installare i loro osservatori.

Un sito ideale

In compenso, sulla Luna il posto non manca! L'assenza quasi totale di atmosfera

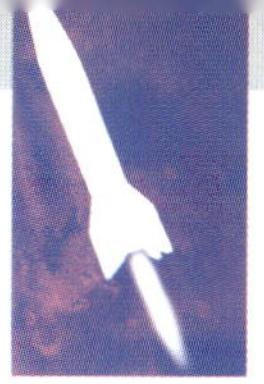

sulla Luna?

offrirebbe la possibilità di ottenere immagini del cielo assolutamente perfette in quasi tutte le direzioni (a causa del movimento della Luna) e su tutte le lunghezze d'onda che vengono invece assorbite dall'atmosfera terrestre.

Così, radiotelescopi installati sulla faccia nascosta della Luna sarebbero al riparo da tutte le onde radio che proliferano sulla Terra. Fornirebbero immagini che, accoppiate a quelle dei radiotelescopi terrestri con la tecnica dell'interferometria, ci darebbero informazioni paragonabili a quelle di un radiotelescopio di 380 000 km di diametro!
Ciò permetterebbe di individuare le sorgenti radio cosmiche con una precisione assolutamente eccezionale.

Controllo automatico

Una simile apparecchiatura potrebbe essere telecomandata dalla Terra anche se, nei primi tempi, sarebbe senz'altro indispensabile inviarvi degli uomini per curarne la costruzione!

La colonizzazione

Secondo un certo numero di astronomi, molto tempo fa il pianeta Marte era più caldo, possedeva un'atmosfera più densa e offriva condizioni favorevoli alla comparsa di forme di vita primitive. Fino ad oggi, non si è potuta trovare nessuna prova di attività biologica attuale o passata. In compenso, Marte possiede tutto ciò che è indispensabile per una colonizzazione umana permanente.

L'ossigeno di Marte

Marte possiede molto ossigeno: è presente nell'anidride carbonica che costituisce il 95% della sua rarefatta atmosfera e sotto forma di ossidi di ferro nel suolo.
Il gas atmosferico potrebbe servire a gonfiare grandi serre dove i vegetali non solo estrarebbero l'ossigeno dall'anidride carbonica, ma servirebbe come nutrimento per i coloni e per gli animali domestici. Campi di pannelli solari, poi centrali nucleari potrebbero fornire l'energia necessaria all'insediamento di vere e proprie industrie.

Si può "terraformare" Marte?

Alcuni astronomi americani hanno considerato la possibilità di "terraformare" Marte, cioè di ricrearvi le condizioni terrestri: un'atmosfera respirabile, oceani e vegetazione che copre le montagne. Perché no, anche se non sarà per domani! Nel frattempo, avverà forse il contrario: saranno gli uomini a doversi adattare a Marte!

Vita estrema

Nessun genere di vita marziana è stato trovato fino ad oggi ma i biologi non abbandonano le loro ricerche. Hanno scoperto infatti, sulla Terra, organismi che vivono in condizioni ritenute ostili ad ogni forma di vita.
Per esempio, certi batteri sono capaci di sopportare temperature superiori a 250°. Sul fondo dei mari, sotto

di Marte

pressioni spaventose, si è organizzato un vero ecosistema intorno a sorgenti d'acqua surriscaldata a 400°C e satura di idrogeno solforato. Nel massiccio dell'Himalaya, le piante nascono sopra i 5 000 m di altitudine, riuscendo a creare intorno a sé il proprio microecosistema. Forse un giorno sarà possibile far mutare questi organismi terrestri ultraresistenti per adattarli alle condizioni attuali di Marte.

Uomini o Marziani?
Quanto ai coloni che andrebbero a stabilirsi lassù, dato che la gravità su Marte corrisponde a circa un terzo di quella terrestre, sarebbero tre volte più leggeri. Per sopportare questo peso, la loro ossatura non avrebbe più bisogno di essere così solida. Se nascessero bambini su Marte, si svilupperebbero in modo diverso che sulla Terra. Sarebbero senza dubbio molto alti e gracili e, incontrerebbero grandi difficoltà a vivere sul nostro pianeta. Di generazione in generazione si differenzierebbero dalla specie umana, finendo forse per diventare veri e propri Marziani!

Stazioni e vascell

La soluzione a un eventuale sovrappopolazione della Terra sarà forse la colonizzazione dello spazio. Chi sa se un giorno colonie umane non graviteranno in orbita intorno alla Terra? O ancora più lontano, ma in questo caso si tratterà di un viaggio senza ritorno.

Grandi ruote

Se le stazioni scientifiche cercano di avere il minimo peso, le stazioni "residenziali" dovranno servirsi di una gravità artificiale, perché gli uomini non possono vivere a lungo in assenza di gravità senza danni irreversibili per la loro salute. Immaginata fin dal dopoguerra da Wernher von Braun, una stazione spaziale a forma di ruota che gira su se stessa dovrebbe permettere di compensare l'assenza di gravità con la forza centrifuga.
Essendo vicine alla Terra, queste stazioni consentirebbero ai loro abitanti di ritornare spesso sul pianeta d'origine e

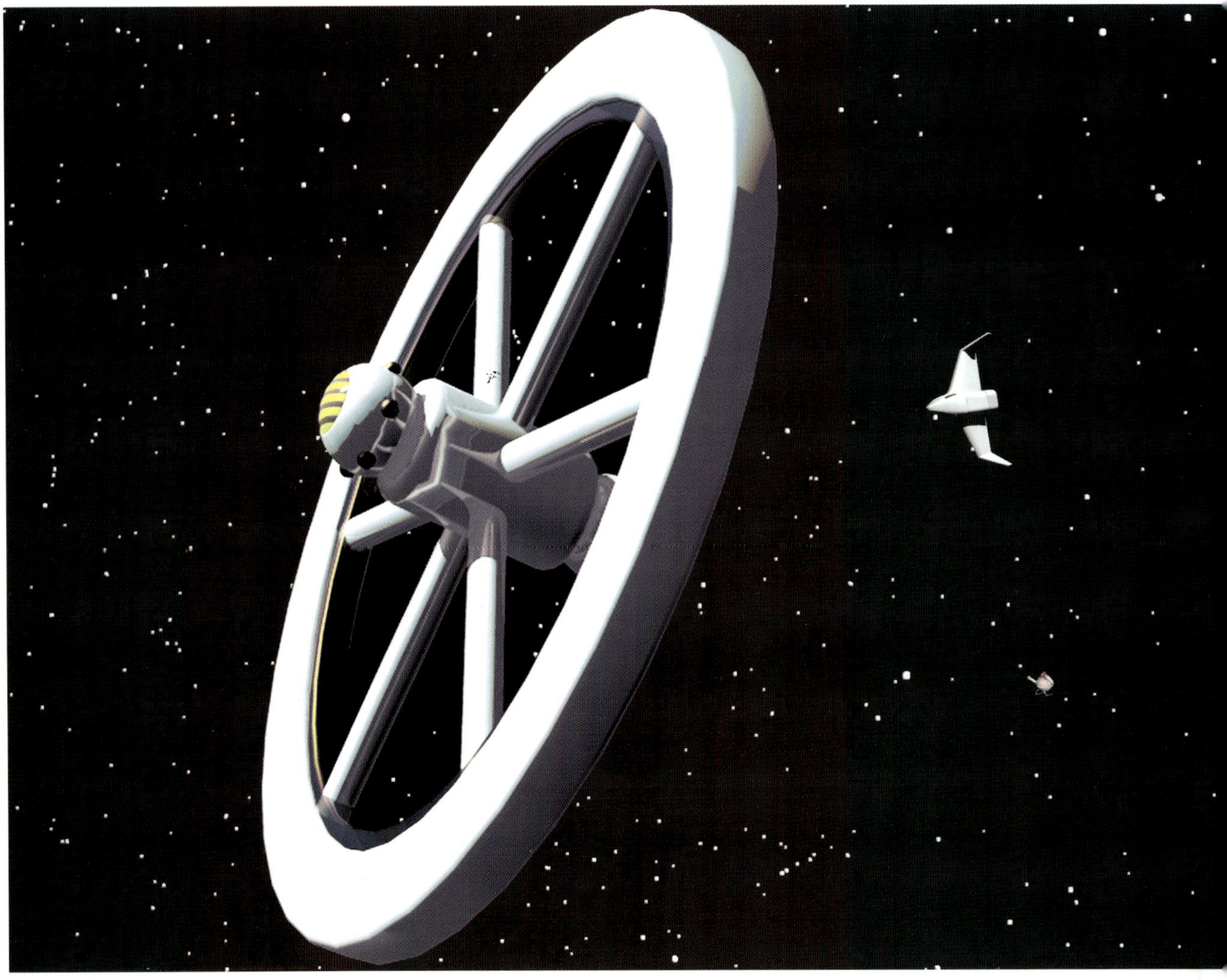

paziali del futuro

potrebbero persino accogliere dei turisti!

Colonie lontane
Se invece una parte dell'umanità deciderà di stabilirsi molto più lontano, sarà ben presto definitivamente tagliata fuori dalla Terra, tranne che per le comunicazioni radio. Per lungo tempo ancora, infatti, non sarà possibile a un vascello spaziale superare velocità di alcune centinaia di migliaia di chilometri l'ora e un viaggio di andata e ritorno sulla Terra richiederebbe parecchie decine di anni.

Nuovi pellegrini
I volontari per queste nuove colonie dovranno partire in gran numero, su grandi navi che saranno altrettante arche di Noè poiché dovranno trasportare piante, animali e banche di geni per evitare ogni degenerazione. Le colonie dello spazio saranno veramente mondi nuovi.

Strane

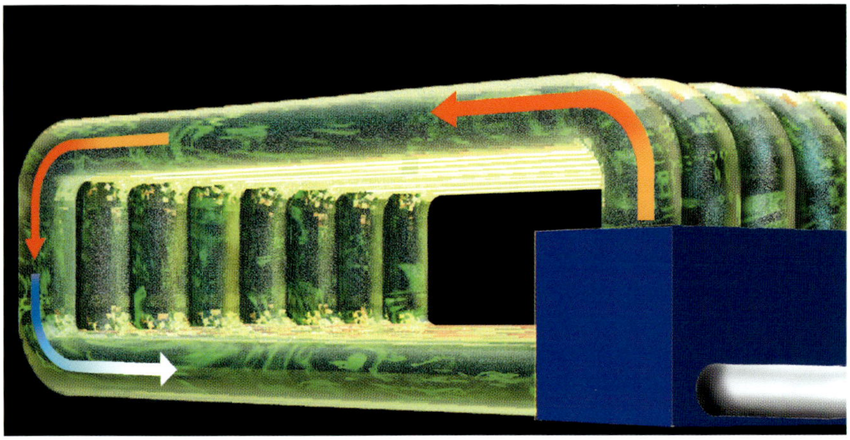

Questi acquari tubolari serviranno come polmoni e reni per i vascelli spaziali. Nei primi tubi, alghe e batteri proliferano nutrendosi dei rifiuti dell'equipaggio ed estraendo ossigeno dall'anidride carbonica prodotta. Nei tubi seguenti, alghe e batteri servono come nutrimento a vegetali superiori o ad animali come granchi e pesci. La flora e la fauna marine, abituate a vivere sott'acqua, dovrebbero adattarsi abbastanza facilmente all'assenza di gravità.

Il nostro pianeta è un sistema straordinario dove molte cose – l'atmosfera, gli oceani, la vegetazione e gli esseri viventi – interagiscono per assicurare l'equilibrio che ha permesso alla vita di fiorire da centinaia di milioni di anni. Ma è proprio facile riprodurre questo sistema per preparare, per esempio, futuri viaggi nello spazio lontano?

Biosfera

Esperimenti chiamati "Biosfera" hanno riunito un certo numero di volontari che hanno tentato di vivere il più a lungo possibile in autarchia, cioè senza scambi con l'esterno. Si trattava di simulare le condizioni di un viaggio nello spazio: per non dover trasportare centinaia di tonnellate di prodotti di consumo indispensabili alla sopravvivenza del gruppo, bisognava riuscire a costruire un piccolo "ecosistema". In altre parole, un mondo in un vaso chiuso dove le piante non solo producessero ossigeno a partire dall'anidride carbonica emessa dagli uomini che vivevano là, ma fornissero nutrimento e anche materie prime attraverso il riciclaggio dei loro residui.

Dalla teoria alla pratica

Ma se, in teoria, l'idea sembra semplice, nella pratica è tutta un'altra cosa! La scienza del suolo sta muovendo ancora i primi passi, come dimostra

Non sarebbe molto difficile far nascere le piante nello spazio se si usassero queste serre rotative in cui sarebbero forniti ai vegetali gli alimenti, l'acqua e la luce indispensabili alla crescita. Il movimento della serra ricreerebbe condizioni di gravità artificiale.

esperienze

In costruzioni di questo tipo un gruppo di volontari ha cercato di ricreare un ambiente completamente chiuso in cui la vita fosse possibile senza altri apporti esterni che l'energia solare.

l'inquinamento provocato dall'agricoltura intensiva. Una pianta non nasce da un terreno inerte: per estrarre gli elementi necessari alla crescita, le sue radici organizzano scambi con funghi e batteri che, a loro volta, possono avere bisogno dei prodotti dell'attività di altri esseri viventi, come i lombrichi. Sono necessari anche i predatori che controllino il numero di questi animali.

Il fallimento di Biosfera

Il fallimento di questi esperimenti è dovuto essenzialmente alla proliferazione incontrollata di microalghe e di batteri. A volte è stato necessario evacuare in tutta fretta locali divenuti invivibili e pericolosi! Queste esperienze dimostrano che nulla è ancora acquisito per poter vivere al di fuori della Terra.

Extratterrestri?

Nell'immaginario collettivo, il disco volante ha rappresentato a lungo il veicolo preferito dagli eventuali extraterrestri. Alcuni scienziati sono giunti persino a formulare ipotesi sul suo funzionamento! Oggi, questi dischi, in fondo abbastanza semplici, sono stati "sostituiti" dagli Ufo, oggetti volanti non identificati.

Seleniti, Marziani e Venusiani

All'inizio del XX secolo, quasi tutta la Terra era stata esplorata ma nessuno aveva scoperto la misteriosa Atlantide, questo regno che si pensava custodisse una civiltà superiore alla nostra... "Per fortuna" rimanevano ancora la Luna, Marte o Venere, mondi che, da molto tempo, alcuni credevano abitati. Ma le sonde spaziali hanno rivelato che nessuna vita, e a maggior ragione nessuna civiltà avanzata, si nascondevano in quei paesi ostili.
Se esistono gli extraterrestri, non possono perciò venire che da paesi più lontani!

Per un certo numero di scienziati ci sono troppe stelle nella Via Lattea e troppe galassie nell'Universo perché la vita non abbia avuto la possibilità di svilupparsi altrove. Ma quale vita? Esiste in qualche luogo una civiltà tanto avanzata tecnologicamente da giungere fin sulla Terra (e tanto strana da farlo solo di nascosto)? I sostenitori degli Ufo credono di sì, ma non vi è nulla di meno certo.

Già facciamo fatica a comprendere gli animali intelligenti come i delfini, le scimmie o le piovre. Come potremmo comunicare con degli extraterrestri?

E dove?

Alcuni sostengono che gli immensi disegni di animali, eseguiti dalla civiltà nazca nel deserto andino, erano piste di atterraggio per le navi degli extraterrestri, dato che si possono distinguere solo se sono visti dall'alto. Ma, secondo gli archeologi, questi disegni sono suppliche al dio della pioggia affinché non dimentichi gli uomini e i loro clan (gli animali rappresentati sono infatti delle specie di totem di ogni clan).

Strano, vero?

Nel nostro immaginario, la maggior parte degli extraterrestri ha, proprio come gli esseri umani, una testa con due occhi, due braccia e due gambe. Secondo la credenza popolare, alcuni sarebbero piuttosto ostili. Giungerebbero qui per asservire gli uomini, forse per mangiarli o per sfruttare risorse di cui sono privi sul loro pianeta. In questo caso sarebbero verdastri, simili a rettili o a insetti provvisti a volte di coda e sarebbero piuttosto ingenui, nonostante la loro immensa superiorità tecnologica.

Altri extraterrestri, invece, più gentili, assomiglierebbero molto agli uomini. Strano, non è vero? Verrebbero apposta dal loro pianeta per aiutare l'umanità a diventare migliore e a progredire.

I "benefattori"

Poiché, tutto sommato, si incontrano piuttosto pochi extraterrestri (e per ragioni evidenti!), alcuni sostengono che essi siano venuti sulla Terra molto tempo fa e che proprio loro abbiano portato agli uomini i rudimenti della civiltà. Eseguito il loro compito, sarebbero ripartiti, ma ritorneranno forse per verificare gli effetti del loro insegnamento e, chissà, per impedire all'umanità di commettere grosse sciocchezze, come scatenare una guerra nucleare.

Uomini ed extraterrestri

Comunque stiano le cose, se un giorno incontreremo degli extraterrestri, non sarà cosa semplice comunicare con loro: sappiamo forse comunicare con animali considerati intelligenti, come i delfini? Sarà opportuno evitare di comportarci con loro come hanno fatto i nostri antenati con gli Indiani d'America. Per gli Indiani, gli Europei, con le loro armature lucenti e i loro cavalli, dovevano essere simili a veri e propri extraterrestri!

"2001 odissea nello spazio": questo è un misterioso monolito che avrebbe portato l'intelligenza alle scimmie, di cui noi saremmo i discendenti.

Indice analitico

Indice analitico

Indice

Indice